a Valeria

Ewig...
　　Ewig

matematica e cultura 2

Atti del Convegno di Venezia, 1998

a cura di Michele Emmer

supplemento a
lettera matematica pristem 30

**CENTRO ELEUSI
UNIVERSITA' BOCCONI**

a cura di
Michele Emmer
Dipartimento di Matematica
Università "La Sapienza", Roma

ISBN 88-470-0057-2

© Springer-Verlag Italia, Milano 1999

Quest'opera è protetta da diritto d'autore. Tutti i diritti, in particolare quelli relativi alla traduzione, alla ristampa, all'uso di figure e tabelle, alla citazione orale, alla trasmissione radiofonica o televisiva, alla riproduzione su microfilm, alla diversa riproduzione in qualsiasi altro modo e alla memorizzazione su impianti di elaborazione dati rimangono riservati anche nel caso di utilizzo parziale. Una riproduzione di quest'opera, oppure parte di questa, è anche nel caso specifico solo ammessa nei limiti stabiliti dalla legge sul diritto d'autore, ed è soggetta all'autorizzazione dell'Editore Springer. La violazione della norme comporta le sanzioni previste dalla legge.

Progetto grafico e impaginazione: Simona Colombo
Stampa: Staroffset, Cernusco sul Naviglio (Mi)

SPIN 10717675

Questo volume è stato realizzato con il contributo parziale del MURST, Fondi nazionali, e del CNR, progetto "Immagini e matematica".

In copertina:
Incisione di Matteo Emmer, particolare
da *La Venezia perfetta*
Centro Internazionale della Grafica, Venezia, 1993

sommario

Introduzione   1

matematica e **cultura**

Matematica oggi   3
Edoardo Vesentini

La natura presa alla lettera   9
Jean-Marc Lévy-Leblond

matematica e **letteratura**

Carciopholus Romanus   17
Michele Emmer

La grafia dell'invisibile.
Pretesti tra matematica e letteratura   25
Franco Vitelli

matematica e **cinema**

L'ultimo teorema di Fermat.
Il racconto di scienza del decennio   40
Simon Singh

matematica e **cultura e mass media**

Divulgare la matematica in un giornale?   44
Umberto Bottazzini

Ricerca matematica e divulgazione   47
Simonetta Di Sieno

Matematica e media: errori auspicabili?   51
Michele Emmer

matematica e **tecnologia**

La divina proporzione di Luca Pacioli
e il suo CD-Rom   54
Federico Bonelli e Franco Ghione

Dalla lavagna al computer   60
Gian Marco Todesco

Matematica, tecnologie, rete   69
Michele Emmer

matematica e **ricerca**

La comunità matematica
e l'organizzazione della ricerca   77
Alessandro Figà-Talamanca

Matematica e tecnologia alle soglie del 2000   81
Claudio Pedrini

matematica e **filosofia**

Il sofista. La genesi del pensiero
formale nella filosofia e matematica   87
Luigi Borzacchini

matematica e **musica**

Il clavicembalo ben numerato   106
Piergiorgio Odifreddi

Musica e matematica   116
Roman Vlad

autori

Federico Bonelli
Laboratorio Matematico Multimediale, Università "Tor Vergata", Roma

Luigi Borzacchini
Dipartimento di Matematica, Università degli Studi, Bari

Umberto Bottazzini
Dipartimento di Matematica, Università di Palermo

Simonetta Di Sieno
Dipartimento di Matematica, Università degli Studi, Milano

Michele Emmer
Dipartimento di Matematica, Università "La Sapienza", Roma

Alessandro Figà-Talamanca
Dipartimento di Matematica, Università "La Sapienza", Roma

Franco Ghione
Dipartimento di Matematica, Università "Tor Vergata", Roma

Jean-Marc Lévy-Leblond
Dipartimento di Fisica, Università di Nizza

Piergiorgio Odifreddi
Dipartimento di Informatica, Università di Torino

Claudio Pedrini
Dipartimento di Matematica, Università di Genova

Simon Singh
Giornalista e regista televisivo, Londra

Gian Marco Todesco
Dipartimento Ricerca e Sviluppo, Digital Video, Roma

Edoardo Vesentini
Accademia Nazionale dei Lincei, Roma

Roman Vlad
Musicologo, Roma

Franco Vitelli
Dipartimento di Linguistica, Letteratura e Filologia Moderna, Università degli Studi, Bari

introduzione

"O matematiche severe, non vi ho dimenticato da quando le vostre sapienti lezioni, più dolci del miele, filtrarono nel mio cuore come un'ombra rinfrescante. Aspiravo istintivamente, fin dalla culla, a bere dalla vostra fonte, più antica del sole, e continuo ancora a calcare il sacro sagrato del vostro solenne tempio; io, il vostro più fedele iniziato... Aritmetica! Algebra! Geometria! Trinità grandiosa! Triangolo luminoso! Colui che non vi ha conosciuto è un insensato! Meriterebbe i più grandi supplizi (...) Nelle epoche antiche e nei tempi moderni, più di una grande immaginazione umana ha scorto il proprio genio, atterrito, nella contemplazione delle vostre figure simboliche tracciate sulla carta bruciante, come altrettanti segni misteriosi, vivi di un alito latente, che il volgare profano non comprende e che non erano che la stupefacente rivelazione di assiomi e di geroglifici eterni, che sono esistiti prima dell'universo e che continueranno dopo di lui (...) Ma l'ordine che vi circonda, rappresentato soprattutto dalla regolarità perfetta del quadrato, caro a Pitagora, è ancora più grande; ché l'Onnipotente si è rivelato completamente, lui ed i suoi attributi, nell'opera memorabile consistita nel fare uscire, dalle viscere del caos, i vostri tesori di teoremi ed i vostri magnifici splendori".

Questo delirante elogio della matematica non è opera di un matematico. Nemmeno l'odioso matematico del film *Will Hunting genio ribelle* (film che ha vinto meritatamente l'Oscar per la miglior sceneggiatura originale) avrebbe potuto lasciarsi andare ad una così eccessiva esaltazione della matematica. Anche se non voglio affatto affermare che la matematica non sia capace di suscitare grandi entusiasmi e passioni e non solo da parte dei matematici professionisti. Basti pensare a Stendhal o a Musil, per citare due famosi scrittori.

Ma di chi sono le parole riportate all'inizio? Sono di un personaggio forse unico della letteratura europea: Isidor Lucien Ducasse (1846-1870) noto con lo pseudonimo di Conte di Lautréamont. Il brano è tratto da i *Canti di Maldoror*, pubblicati nel 1869; nel 1936 Leonardo Sinisgalli lo riporta per esteso nel saggio che apre il volumetto *Quaderno di geometria*.

Tra gli anni Trenta e Quaranta, Sinisgalli - oltre a pubblicare diversi libri di poesia - dà inizio ad una attività nel campo industriale: è *art director* per la Società del linoleum, creatore della pubblicità della Olivetti, organizzatore delle campagne Olivetti, direttore della famosa rivista *Civiltà delle macchine*. Nel 1944 pubblica *Furor Mathematicus*. Realizza poi due cortometraggi, *La lezione di geometria* e *Millesimo di Millimetro* con Sabel, documentari che vengono presentati e premiati alla Biennale del Cinema di Venezia.

Non poteva mancare dunque un omaggio a Sinisgalli nella seconda edizione del convegno "Matematica e cultura" che si è svolto all'Auditorium Santa Margherita dell'Università Ca' Foscari di Venerzia dal 3 al 4 aprile 1998.

Se largo spazio hanno avuto al convegno i matematici (da Edoardo Vesentini a Alessandro Figà-Talamanca a Jean Marc Levy-Leblond, direttore della rivista *Alliage*), anche l'incontro con il regista della BBC Simon Singh è stato di particolare interesse. Il suo libro *L'ultimo teorema di Fermat* ha avuto successo in tutto il mondo, e il film con lo stesso titolo ha vinto festival del cinema scientifico e festival di *fiction* (come il Prix Italia nel 1997 a Ravenna). Un caso abbastanza raro, probabilmente irripetibile: un libro di grande successo che tratta una questione di matematica che pochissimi matematici al mondo sono in grado di comprendere. Un bellissimo romanzo sul mestiere di matematico, apprezzato da molti pur in disaccordo con alcuni matematici che hanno storto il naso sia perché le questioni matematiche non vi sono presentate in dettaglio (e perché avrebbero dovuto, visto che è un romanzo?) sia perché ha avuto grande successo.
Una straordinaria conferenza-concerto di Roman Vlad ha concluso il convegno. Al termine dei lavori ho avuto occasione di dire che l'incontro del 1998 era stato di grande interesse e che sarebbe stato difficile organizzarne uno altrettanto buono. Lo vedremo, a partire già da quello del 1999 che prevede sessioni dedicate a matematica e *mass media*, matematica e musica, matematica e arte, matematica e letteratura, matematica e filosofia, matematica e Internet.
"O sacre matematiche, che possiate, con il vostro commercio perpetuo, consolare il resto dei miei giorni della malvagità degli uomini e dell'ingiustizia del Gran Tutto". Parole di Ducasse, conte di Lautréamont.

Il convegno è stato organizzato in collaborazione con il Dipartimento di Matematica applicata dell'Università di Ca' Foscari di Venezia, con l'Istituto Italiano per gli Studi Filosofici, sede di Venezia, con il Centro P.RI.ST.EM. dell'Università Bocconi di Milano, con il parziale contributo del CNR e del M.U.R.S.T. (Fondi progetti nazionali) e l'assistenza dell'ufficio Cinema del Comune di Venezia e della Cineteca Nazionale di Roma.
Un ringraziamento particolare va al personale dell'Auditorium, agli amici e colleghi che hanno collaborato con tanto entusiasmo all'organizzazione e a Simonetta Di Sieno che con me fin dall'inizio ha voluto e realizzato la pubblicazione di questi Atti.

Michele Emmer

matematica e **cultura**

Matematica oggi

di Edoardo Vesentini

Con l'avvicinarsi dell'anno 2000, che sarà "l'anno della matematica", si assiste al proliferare di saggi, convegni, testimonianze sulle vicende che hanno segnato le tappe salienti del progredire della ricerca e del diffondersi di una cultura matematica. Un fatto che coglie di sorpresa chi continua a vedere nella matematica una scienza senza tempo, e osserva che - assai più spesso che per altre discipline - in molte questioni fondamentali i contributi dei geometri dell'antichità classica intervengono direttamente ancora oggi. I geometri greci non sono, per noi, degli antenati - diceva Littlewood a Hardy - ma piuttosto dei "colleghi di un'altra università". Come scrive Enriques: "La scienza ellenica divulgata nel periodo greco-romano non si perde mai completamente: quando essa decade nel mondo occidentale, trova un terreno di cultura in Oriente, e dagli Arabi è importata all'Europa nei primi secoli dopo il millennio. Poi la scoperta degli antichi testi, conservati particolarmente nelle biblioteche d'Italia, accende il magnifico moto del Rinascimento. (...) Non soltanto i promotori della scienza lavorano sui risultati degli antichi; prima ancora delle conoscenze positive essi dovettero apprendere da loro lo spirito della ricerca scientifica".

D'altra parte, proprio le testimonianze, i saggi, i dibattiti di questi tempi sembrano identificare in questa omogeneità temporale un blocco più coeso, un tessuto più denso di rapporti e di scambi intellettuali. Essi illuminano di una luce più intensa la ricerca matematica degli ultimi 200-250 anni. A ciò hanno contribuito diversi fattori. Da un lato, matematici illustri, come Godfrey H. Hardy, André Weil, Laurent Schwartz, Paul L. Halmos, ed altri meno famosi, hanno dedicato - al termine della loro vita di ricercatori attivi - scritti autobiografici all'opera loro, ai rapporti con i contemporanei, agli stimoli intellettuali che hanno orientato i loro studi. Questi scritti si sono collocati in una posizione intermedia fra cronaca e storia, creando un collegamento senza strappi fra noi e chi ci ha preceduto nella nostra professione. Inoltre, le vicende che hanno segnato i progressi significativi della nostra disciplina, dal 1700 ad oggi, sono rivisitate criticamente - e non soltanto "raccontate" - da tecnici che ne ripercorrono le tappe riproducendone i singoli passaggi[1]. Si stabilisce così un colloquio ideale, nel quale interloquiscono matematici come David Hilbert, Henri Poincaré, e - andando a ritroso nel tempo - Charles Hermite, William R. Hamilton, Adrien Marie Legendre oltre, naturalmente, alle figure più luminose: Bernard Riemann, Carl Friedrich Gauss, Leonard Euler. Chi legge, ad esempio, la *Théorie des fonctions analytiques* di Joseph-Louis Lagrange, pubblicato nel 1847, vi trova il linguaggio matematico di oggi, accessibile direttamente, senza bisogno di interpreti e di decodificazioni. I matematici del XVIII° e del XIX° secolo si scoprono così dei nostri interlocutori quotidiani, ai quali più che ai geometri greci, si addice il commento di Littlewood a Hardy.

Che cosa è per noi, oggi, la matematica: "Una scienza - come disse Hardy nella sua prolusione a Oxford, nel 1920 - che non è nata con Pitagora, e non morirà con Einstein, ma che è la più vecchia e la più giovane di tutte". Da un punto di vista formale con c'è nulla di nuovo. La descrizione di "verità" matematica resta quella dell'antichità classica.

"Un sistema matematico - scrive Gian-Carlo Rota[2] - consiste di assiomi, nozioni primitive, notazioni, leggi di inferenza. Un enunciato è considerato vero quando è dedotto correttamente dagli assiomi mediante le leggi di inferenza. Un sistema matematico consiste di tutti i possibili enunciati veri che si possono derivare dagli assiomi. Come potrà confermare chiunque si sia mai occupato professionalmente di matematica, è raro che si riesca a vedere la verità dei teoremi limitandosi a fissare gli assiomi. Tuttavia, continuiamo a credere che, "in linea di principio", la verità di tutti i teoremi possa trovarsi negli assiomi. Termini come "principio" e "trovare" vengono usati frequentemente per indicare la "relazione" dei teoremi con gli assiomi dai quali essi sono derivati, ed i significati di termini quali "trovare", "relazione" e "principio" sono dati per scontati. Le discussioni sulla possibilità di "relazioni" siffatte passano in secondo piano; ciò che importa è arrivare per la via più breve alla conclusione che ci si aspetta, che è stata individuata fin da prima e che sarà l'affermazione perentoria secondo cui le verità matematiche sono, in definitiva, tautologiche. Nessuno, per fortuna, arriva a confondere la tautologia con la banalità. I teoremi possono essere, "in definitiva" o "in linea di principio", tautologici, ma tali tautologie richiedono molto spesso grandi sforzi per essere dimostrate. La dimostrazione conclusiva di qualsiasi teorema importante richiede anni di lavoro e lo sforzo collettivo di generazioni di matematici. Quindi - conclude Gian-Carlo Rota - sebbene i teoremi di matematica possano essere conseguenze tautologiche degli assiomi, "in linea di principio" quelle tautologie non sono né immediate né evidenti, e nemmeno facili da ottenere". Questa visione "irreprensibile" del lavoro del matematico è ritenuta da molti - in modo più o meno esplicito - riduttiva e angusta, ed è all'origine della riflessione sul rapporto fra invenzione e scoperta. Non è un caso che quel rapporto abbia attratto l'attenzione di H. Poincaré che su di esso si intrattenne in una conferenza[3] alla Società di Psicologia di Parigi nel 1908, equella di Jacues Hadamard che gli dedicò un ciclo di lezioni a New York nel 1943. Nella prefazione al volume[4] tratto dalle lezioni all'École Libre des Hautes Études di New York, pubblicato a Princeton nel 1946, Hadamard scriveva: "Noi parliamo d'invenzione, ma sarebbe più corretto parlare di scoperta. La distinzione fra questi due termini è ben nota; la scoperta concerne un fenomeno, una legge, un essere vivente che esisteva già ma che non era stato ancora percepito: Cristoforo Colombo ha scoperto l'America, ma essa esisteva prima di lui. Benjamin Franklin ha inventato il parafulmine, che prima di lui non c'era. Questa distinzione si è mostrata meno evidente di quanto non sembri a prima vista. Torricelli ha osservato che immergendo l'estremità di un tubo a vuoto in una vaschetta piena di mercurio, questo sale nel tubo fino ad un certo livello: è una scoperta, ma anche l'invenzione del barometro. Ed esiste una quantità di esempi di risultati scientifici che sono allo stesso tempo scoperte ed invenzioni. L'invenzione del parafulmine non differisce gran che dalla scoperta, compiuta dallo stesso Franklin, della natura elettrica del fulmine".

La distinzione diviene evanescente nel caso della matematica. Si "scopre" il cono circolare retto, ossia se ne dà una definizione che coglie aspetti tratti da osservazioni di fatti naturali, e si "scoprono" (nel terzo secolo a.C.) le proprietà delle coniche, sezioni piane del cono. Oppure si "inventa" la teoria delle coniche quando si introduce un ordinamento logico deduttivo a partire, ad esempio, dalla polarità. Vale la pena di osservare, tuttavia, che la teoria delle coniche, così come è stata costruita, o inventata, e come si trova oggi esposta, ad esempio, nell'opera di Staudt[5], con una netta distinzione fra invarianza proiettiva, invarianza affine e invarianza metrica, segue dalla "scoperta", all'epoca di Pappo, delle proprietà fondamentali delle coniche, ove i gruppi di invarianza sono frammischiati. Il fatto che Keplero trovi pronto questo complesso di proprietà quando "scopre" le leggi fondamentali del moto dei pianeti rende ancor più evanescente la distinzione fra scoperta e invenzione. Così, lo studio delle proprietà geometriche delle superfici dello spazio ordinario, considerate come veli arbitrariamente flessibili ma non altrimenti deformabili, ha portato - attraverso le ricerche di C.F. Gauss e di B. Riemann - alla geometria differenziale delle varietà Riemanniane e - all'inizio del nostro secolo - al calcolo differenziale assoluto di Gregorio Ricci-Curbastro e di Tullio Levi-Civita. Una "invenzione", con tutto ciò che di arbitrario, gratuito, bizzarro, il termine invenzione porta con sé. Carattere che si attenua quando si constata che il calcolo differenziale assoluto ha un ruolo essenziale nella relatività generale di Einstein: teoria alla quale - come alle leggi di Keplero - male si addice il termine "invenzione", a meno che non lo si liberi da quegli attributi di casualità che ad esso sono sovente associati. Sempre nell'ambito degli studi scaturiti dalla geometria differenziale di Gauss, un'altra occasione in cui la fisica trova già pronti gli strumenti matematici è dato dalle superfici di area minima, che risalgono a una memoria di J.L. Lagrange del 1760, sono studiate da Charles Meusnier nel 1776, da Gaspard Monge nel 1784, e solo molto più tardi - intorno al 1886 - sono oggetto delle esperienze di J. Plateau, che le realizzò come lamine liquide[6]. Ecco dunque tre esempi di teorie e algoritmi matematici che il fisico trova già disponibili e compiutamente sviluppati, già "inventati", quando gli servono. Un altro esempio in tal senso, assai più recente e suggestivo, è offerto dalla meccanica quantistica che, al suo nascere, nel 1925, trova "già pronta" la teoria delle matrici e degli operatori lineari in uno spazio di Hilbert: teoria alla quale dà, a sua volta, notevole impulso[7].

Sarebbe senza dubbio interessante approfondire lo studio di questi aspetti finalistici della storia della matematica, di questa inconscia "invenzione" di strumenti e metodi per un futuro appuntamento con le "scoperte" delle scienze della natura. È certo tuttavia che tali aspetti non possono costituire una chiave interpretativa di tutta la storia della matematica, e questa versione finalistica non sembra aderire che ad un numero limitato di episodi, anche se molto significativi.

La linea di sutura fra queste due posizioni - quella dell'invenzione e quella della scoperta - la cui contrapposizione sarebbe paralizzante per una scienza come la matematica, priva di un retroterra sperimentale esterno, è offerta dalla presenza dei problemi (che, in un certo senso, possono offrire la realtà sperimentale esterna). Come disse Hilbert, un ramo della scienza è pieno di vita fino a che offre un'abbondanza di problemi: l'assenza di problemi è segno di morte. Ma è proprio nella risoluzione dei problemi che il rispetto delle credenziali logiche cui allude Rota è visto sovente come una costrizione. A detta di Hardy[8], Ramanujan non sapeva nulla del rigore moderno: in un certo senso non sapeva che cosa fosse una dimostrazione. Hardy stesso dovette insegnargli un po' di matematica formale, come se Ramanujan fosse un candidato a una borsa di studio. E fu colpito dal constatare l'effetto che la matematica moderna faceva ad un uomo che, malgrado la sua straordinaria capacità di intuizione, non ne aveva mai sentito parlare. L'attenzione a quello che potrebbe definirsi approssimativamente un approccio euristico alla ricerca matematica non era patrimonio esclusivo di chi, come Ramanujan, apparteneva ad una civiltà diversa. Nell'introduzione al primo volume della Teoria delle equazioni e delle funzioni algebriche, scritto in collaborazione con Oscar Chisini (Zanichelli, Bologna, 1915), riflettendo sul criterio di Abel secondo il quale occorre "porre i problemi nell'aspetto più generale per scoprirne la vera natura", Enriques scriveva che "ad ogni problema compete in qualche modo un proprio grado di generalità, che è il primo grado in cui il problema stesso rivela la sua vera natura".

Su tale questione Enriques ritorna a più riprese, e in particolare, in uno dei capitoli di *Scienza e razionalismo* (Zanichelli, Bologna, 1912) dedicato a *Il principio di ragion sufficiente nella costruzione scientifica*. Principio che - come ricorda Enriques citando Leibniz - fu impiegato da Archimede "postulando che una bilancia caricata con pesi uguali deve essere in equilibrio perché non vi è ragione che scenda da una parte piuttosto che dall'altra". Nel capitolo citato, Enriques esamina l'uso che consciamente o inconsciamente, si fa del principio di ragione sufficiente in varie questioni poste in varie discipline: ad esempio, nel principio di simmetria di Pierre Curie.

Su questa visione del processo matematico è ritornato, in uno dei suoi ultimi scritti[9], Abraham Robinson, osservando che: "La nostra comprensione della componente euristica è ancora ad uno stadio primitivo. Si ha l'impressione che molto rimanga da dire su alcuni dei livelli più semplici dell'attività matematica, ad esempio sulle nozioni di sostituzione, di scambio delle variabili, di concatenazione di funzioni (logica combinatoria) e sull'uso e l'enunciazione di simboli".

Il ricercatore matematico sembra dunque muoversi su due piani: quello dell'invenzione e quello della scoperta, restando sul secondo nella fase iniziale e passando al primo - quello dell'invenzione, ossia della costruzione di una teoria organica - nella fase più matura. Sono proprio i passaggi dall'uno all'altro piano, le "transizioni di fase" che segnano spesso i momenti cruciali della ricerca.

Nel 1963, pubblicando un volume su *Ensembles parfaits et séries trigonométriques* (Hermann, Parigi), J.-P Kahane e R. Salem premisero alla prefazione un passo dell'Odile di R. Queneau: "Non è all'architettura, all'arte dei muratori, che bisogna paragonare la geometria o l'analisi, ma alla botanica, alla geografia, alle scienze fisiche. Si tratta di descrivere un mondo, di scoprirlo e non di costruirlo o di inventarlo, perché esso esiste fuori dello spirito umano e indipendente da esso". Questa citazione era, nel 1963, un'affermazione polemica. Nella prefazione gli autori scrivevano: "In un momento in cui la maggior parte dei matematici - e dei migliori - s'interessa soprattutto alle questioni di struttura", il libro potrebbe "apparire superato ed assomigliare in qualche modo ad un erbario". Pur apprezzando la "bellezza delle grandi teorie moderne", gli autori ritenevano che "senza ignorare l'architettura che domina gli esseri matematici", fosse permesso "interessarsi a quegli stessi esseri che, per isolati che possano sembrare, nascondono sovente proprietà che, considerate con attenzione, pongono problemi interessanti".

Il riferimento alle "questioni di struttura" alludeva all'esperienza Bourbaki che, proprio in quegli anni, raggiungeva sulla scena matematica internazionale uno dei momenti di maggior successo, maturato in quasi un trentennio di intensa attività. Un discorso sul Bourbaki si presta facilmente ad equivoci e deve essere attentamente "datato". Oggi è abbastanza frequente sentirne parlare male. Un testimone autorevole, René Thom - che pur ha avuto per un certo periodo collegamenti con il Seminario Bourbaki - afferma[10] che "Bourbaki ha imbalsamato la matematica. (...) Ancor oggi ci sono intere parti della matematica - calcolo delle variazioni, equazioni delle derivate parziali, dinamica qualitativa, ecc. - che non sono considerati ancora sufficientemente pulite (o "morte") per figurare nell'antologia bourbakista". Il gruppo Bourbaki, costituito intorno al 1935, si era dato l'obiettivo di presentare, in un trattato, un'esposizione completa e autonoma della matematica. André Weil, fondatore del gruppo, ne esprimeva l'ambizione programmatica dicendo che si trattava di sostituire le idee ai calcoli[11]. Per questo era indispensabile che il pensiero non fosse oscurato dal formalismo. E quindi, che il formalismo assiomatico fosse sistematizzato in un modo che si potrebbe definire asettico. Ma questa non era una novità nella trattatistica. Il metodo assiomatico moderno trae origine dall'opera di David Hilbert sui fondamenti della geometria. Per evitare i paradossi che erano nati nei fondamenti della matematica, Hilbert aveva svuotato i termini utilizzati di ogni significato concreto, riferendosi soltanto ai rapporti sintattici fra di essi. Si diceva scherzando che Hilbert avrebbe potuto sostituire alle parole punto, retta, piano, altre scelte a caso, come, ad esempio, birra, seggiola, tavola. Il gruppo letterario Oulipo si richiama esplicitamente a questa tradizione hilbertiana ed a ciò che Bourbaki ha compiuto nella matematica. Il programma di Bourbaki, che nell'arco di quarant'anni, dal 1940 al 1980, ha pubblicato una quarantina di volumi che costituiscono una *summa* strutturata della matematica del nostro secolo, può essere collocato - come osserva Pierre Cartier[12] - nell'ambito della problematica di Thomas Kuhn quando insiste sull'esistenza di periodi storici di una "scienza normale", durante i quali questa si sviluppa in un quadro predeterminato, all'interno di un gioco di concetti e definizioni stabilite chiaramente e accettate da tutti. L'opera di Bourbaki appartiene ad uno di questi periodi di scienza normale, e il suo ruolo è stato estremamente importante nell'unificazione della corporazione dei matematici. In un certo senso - nota ancora Cartier - Bourbaki ha fatto per la matematica ciò che Lavoisier aveva fatto per la chimica due secoli prima, definendone concetti, terminologia, procedure operative.

Le definizioni create e imposte da Bourbaki ave-

Incisione di Matteo Emmer, da *La Venezia Perfetta*
Centro Internazionale della Grafica, Venezia, 1993

vano il compito essenziale di consolidare una dottrina che si era sviluppata in un'epoca turbolenta fra la fine del XIX° e l'inizio del XX° secolo. Alla fine del XX° secolo si profila una nuova turbolenza: una nuova rivoluzione scientifica che richiederà forse, fra cinquanta o cento anni, un nuovo Bourbaki.

Cinquant'anni fa, proprio André Weil, il maggiore ispiratore del gruppo Bourbaki, anticipava questa prospettiva in una pagina celebre[13]: "Abbiamo imparato a far risalire tutta la nostra scienza ad un'origine unica, fatta soltanto di alcuni segni e di alcune regole per l'impiego di quei segni; ridotta senza dubbio inespugnabile, ove non potremmo rinchiuderci senza rischiare l'inedia, ma sulla quale sarà sempre agevole ripiegare in caso di incertezza o di pericolo esterno. Che il matematico debba trarre costantemente dalla propria "intuizione" nuovi elementi di ragionamento di natura a-logica o "pre-logica", è ciò che non sembra sostenibile che ad alcuni spiriti in ritardo. Se alcuni rami della matematica non sono stati ancora assiomatizzati, cioè ricondotti ad un modo d'esposizione ove tutti i termini sono definiti e tutti gli assiomi esplicitati a partire da nozioni prime della teoria degli insiemi, ciò accade soltanto perché non si è avuto ancora il tempo di farlo. È senza dubbio possibile che quelli che verranno dopo di noi vorranno introdurre nella teoria degli insiemi modi di ragionamento che oggi non ci permettiamo; è pure possibile - anche se i lavori dei logici moderni rendono questa eventualità assai poco probabile - che l'esperienza ci faccia scoprire un giorno, nei metodi di ragionamento di cui ci serviamo, il germe di una contraddizione che oggi non vediamo; si renderà allora necessaria una revisione generale, ma si può essere certi fin d'ora che la parte essenziale della nostra scienza resterà intatta".

Note bibliografiche

[1] Per quanto riguarda la storia degli ultimi tre secoli, la prima opera organica è l'*Abrégé d'histoire des mathématiques, 1700-1900*, pubblicato a Parigi, in due volumi, da Hermann nel 1978 e redatto da vari autori coordinati da Jean Dieudonné. A temi specifici sono state dedicate raccolte di saggi, come, ad esempio, H. Poincaré, *Geometria e caso, Scritti di matematica e fisica*, a cura di C. Bartocci (Bollati Boringhieri, Torino, 1995) o tesi di dottorato, come ad esempio: J. Barrow Green, *Poincaré and the three body problem*, Amer. Math. Soc. - London Math. Soc., 1991

2. Gian-Carlo Rota, *Pensieri discreti*, Garzanti, Milano, 1993
3. H. Poincaré, *L'invention mathématique*, Bulletin de l'Institut Général de Psychologie, Vol. 8, 1908; ristampato in: *Science et méthode*, Flammarion, Paris, 1908; Oeuvres, Gauthier-Villars, Paris, 1916-1956, Vol. VI
4. J. Hadamard, *The Psychology of Invention in the Mathematical Field*, Princeton University Press, 1945. Tradotto in francese con svariate aggiunte e in varie edizioni, la più recente delle quali, dal titolo: *Essai sur la psychologie de l'invention dans le domaine mathématique*, presso Gauthier - Villars, Parigi, nel 1975. Traduzione italiana: J. Hadamard, *La psicologia dell'invenzione nel campo matematico*, Cortina Editore, Milano, 1993
5. G.K.C. Staudt, *Geometria di Posizione*, trad. it. Bocca, Torino 1889, con prefazione di Corrado Segre. Un'esposizione elegante si trova in F. Enriques, *Lezioni di Geometria Proiettiva*, Zanichelli, Bologna 1898 (Ristampa della quarta edizione, 1926)
6. J. Plateau, Recherches expérimentales et théoriques sur les figures d'équilibre d'une masse liquide sans pesanteur, *Mém. Acad. Roy. Belgique*, Vol. 36, 1866
7. Si veda, in proposito: B.L. Van Der Waerden, *Sources of quantum mechanics*, North Holland, Amsterdam, 1967 e Dover, New York, 1968, che contiene le memorie classiche di W. Heisenberg, M. Born e P. Jordan, e l'appendice al volume: W. Heisenberg, *The physical principles of the quantum theory*, Dover, New York, 1949. Per la storia delle origini dei rapporti con la matematica, si veda l'introduzione di Van der Waerden al volume citato. Si veda anche F. Hund, *Storia della teoria dei quanti*, traduzione italiana, Boringhieri, Torino, 1980 e B. Ferretti, *Le radici classiche della meccanica quantica*, Boringhieri, Torino, 1980
8. G.H. Hardy, *Apologia di un matematico*, Garzanti Editore, Milano, 1989, pp. 30-31. Un'ampia biografia di Ramanujan è: R. Kanigel, *The man who knew infinity. A life of the Genius Ramanujan*, Scribner's Sons, New York, 1991
9. A. Robinson, *Logica matematica*, in Enciclopedia del Novecento, Istituto dell'Enciclopedia Italiana, Roma, Vol. III, 1978, pp. 1055-1070.
10. R. Thom, *Parabole e catastrofi, Intervista su matematica, scienza e filosofia*, a cura di Giulio Giorello e Simona Morini, Il Saggiatore, Milano, 1980, p. 19
11. Anche se, molti anni più tardi, Jean Dieudonné, uno dei più autorevoli esponenti del gruppo scriveva - anticipando, in un certo senso, il giudizio di Thom, che "si può forse dire che la parte della matematica che richiede maggiore genialità è esclusa dal trattato". E aggiungeva: "Nella teoria dei gruppi, per esempio, in certi casi, nonostante i brillanti risultati ottenuti, non si può dire che si disponga ancora di un metodo di attacco generale. Dove si opera in modo artigianale, Bourbaki non interviene: Bourbaki presenta solo teorie che sono razionalmente organizzate, in cui i metodi seguono naturalmente dalle premesse". cf. J. Dieudonné, N. Bourbaki, in AA.VV., *Scienziati e tecnologia. I contemporanei*, Mondadori, Milano, 1974-75, Vol. I
12. P. Cartier e K. Chemla, *La création des noms mathématiques: l'exemple de Bourbaki*, Institut des Hautes Etudes Scientifiques, Bures-sur-Yvette, 1998
13. A. Weil, *L'avenir des mathématiques*, in F. Le Lionnais, *Les grands courants de la pensée mathématique*, Cahiers du Sud, 1948, pp. 307-320; cf. p. 309. Cfr. anche A. Weil, *Oeuvres scientifiques*, Springer-Verlag, Berlin-Heidelberg-New York, 1979, Vol. I, pp. 359-372

La natura presa alla lettera

di Jean-Marc Lévy-Leblond

"Ma che cosa vogliono dire questi segni cabalistici che continui a scarabocchiare?" si chiedono talvolta stupefatti i miei amici quando mi vedono "fare" fisica teorica, lavoro che consiste essenzialmente nello "scrivere", per esempio, cose del tipo:

$$i\hbar\frac{\partial}{\partial t}\psi(x,t) = -\frac{\hbar^2}{2m}\left(\frac{\partial^2}{\partial x^2} + \frac{\partial^2}{\partial y^2} + \frac{\partial^2}{\partial z^2}\right)\psi(x,t) + V(x)\psi(x,t).$$

E si stupiscono ancora di più del fatto che questi segni, così evidentemente contingenti e culturalmente condizionati, possano rendere conto della realtà fisica, in particolare della struttura degli atomi, poiché tale è proprio il ruolo di questa equazione (detta di Schrödinger).

La fisica intrattiene con la scrittura un rapporto particolare. Per convincersene è sufficiente sfogliare un manuale standard oppure una rivista di ricerca, dove i paragrafi scritti in lingua comune (tralasciamo qui il gergo professionale) si alternano a file di simboli matematici (Figura 1). È proprio attraverso questo rapporto particolare con la matematica che la fisica si distingue dalle altre discipline. Unica fra le scienze della natura, essa intrattiene con la matematizzazione una relazione effettivamente creativa e non unicamente strumentale: le matematiche sono per la fisica, non un semplice strumento, ma la forma stessa della sua capacità di concettualizzare. Non ritornerò in questo contesto sulla natura di questa specificità[1], ma vorrei esaminare le domande che essa pone alla testualità della scienza fisica.

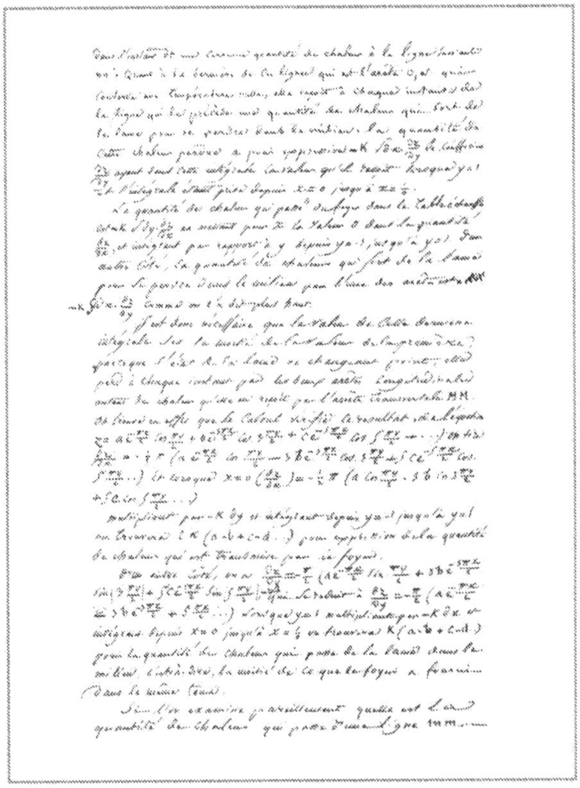

La veste tipografica del libro della Natura

Partiamo dalla celeberrima citazione[2] di Galileo, ne *Il Saggiatore* (1623): "La filosofia è scritta in questo grandissimo libro che continuamente ci sta aperto innanzi a gli occhi (io dico l'Universo), ma non si può intendere se prima non si impara a intender la lingua, e conoscer i caratteri, ne' quali è scritto. Egli è scritto in lingua matematica, e i caratteri son triangoli, cerchi, ed altre figure geometriche, senza i quali mezzi è impossibile a intenderne umanamente parola; senza questi è un aggirarsi vanamente per un oscuro laberinto".

La "filosofia" di cui parla Galileo è evidentemente

Figura 1. Un estratto del manoscritto dell'opera di Joseph Fourier, "Sulla propagazione del calore", memoria presentata all'Accademia il 29 ottobre 1809 (riprodotto in I. Grattan-Guinness, *Joseph Fourier*, MIT Press, Cambridge (Ma) 1972)

la "filosofia naturale" - che diventerà la nostra fisica. La grande novità di questo testo non sta nell'immagine del mondo come libro, che risale al Medioevo e si trova tanto in Montaigne quanto in Campanella. È l'idea stessa dei "caratteri matematici" che risulta completamente originale, e Galileo le dà tanta importanza che essa ritornerà, quasi nei medesimi termini, in una delle sue ultime corrispondenze (lettera a Fortunio Liceti, gennaio 1641). Dunque, se sono stati spesso sottolineati gli aspetti innovativi e programmatici della concezione galileiana, non si è per nulla rilevato il paradosso che essa enuncia. Poiché l'assimilazione delle figure ai caratteri e della geometria al linguaggio va considerata con prudenza. Se è vero che i testi della fisica del diciassettesimo secolo, e quelli di Galileo per cominciare, sono abbondantemente illustrati con schemi geometrici (Figura 2), non si potrebbe considerare questi tracciati come testi, né i loro elementi (cerchi, triangoli ecc.) come caratteri. Si tratta di immagini astratte e non puramente figurative o rappresentative, che non hanno, da sole, una funzione descrittiva, narrativa o argomentativa, che permetterebbe di conferire loro uno statuto testuale. Esse non possono esistere senza il testo che, sottendendole, le esplicita e dà loro senso - e in cambio permette loro di illustrarlo. Di fatto, molto semplicemente, le figure geometriche di questi testi non si leggono.

La situazione non cambierà per circa un secolo, fino alla fine del XVII. Ancora con Newton nei *Principia Mathematica*, la fisica si farà *more geometrico* con l'aiuto delle parole, certo accostate a figure, ma non inserite in un originale "linguaggio matematico". D'altronde come avrebbe potuto essere diversamente, dal momento che, in sostanza, oltre all'aritmetica, le matematiche si limitavano ancora alla geometria?

Ma la geometria stessa si algebrizzerà progressivamente, vale a dire si "letterizzerà" con Descartes, e la fine del XVII secolo vedrà la rivoluzione del calcolo infinitesimale (differenziale e integrale) proprio con Newton e soprattutto con Leibniz. È quest'ultimo che, indipendentemente dalla sua famosa disputa di priorità con Newton sulla creazione delle nuove matematiche, ne svilupperà le notazioni.

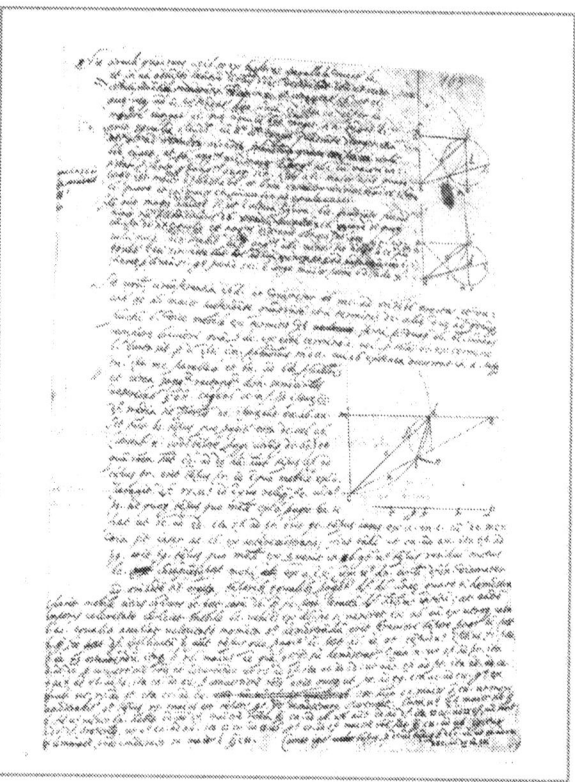

Figura 2. Un estratto di un manoscritto di Galileo Galilei, *Note di Galileo sul moto* (Supplemento agli *Annali dell'Istituto e Museo di Storia della Scienza*, Firenze, 1979, fasc. 2). Fac-simile disponibile su internet: ⟨http://galileo.imss.firenze.it/ms72/index.html⟩

A Leibniz si deve la maggior parte dei simboli matematici che permetteranno una vera scrittura matematica, al tempo stesso autonoma e integrata nella testualità della lingua comune[3]. Questi simboli saranno spesso lettere dell'alfabeto, dotate di un significato più ampio rispetto al loro semplice valore ortografico, oppure segni originali, inventati *ad hoc*. A partire dal 1700, Varignon riscrive i *Principia* newtoniani con il nuovo formalismo[4]. Nel corso del secolo i vari Bernoulli, Eulero, d'Alembert, Lagrange completeranno il cambiamento che trasformerà gli scritti di fisica, ormai non più testi in lingua interrotti da figure, in sequenze continue di frasi e di formule, addirittura, a scala locale, di parole e di segni che, indissolubilmente, costituiscono il testo[5].

Contro chi dedurrebbe che il testo autentico si limita al concatenarsi normale delle parole della lingua, e vorrebbe conferire alle linee di equazioni o ai simboli isolati che lo scandiscono solo uno statuto illustrativo analogo a quello delle figure geometriche o delle tavole numeriche, rintracciabile anche negli articoli o nei libri di fisica, è sufficiente far udire un fisico che legge tali pagine ad alta voce: diversamente dalle figure o dalle tavole le equazioni si leggono, si enunciano oralmente, proprio come le frasi. Il profano apprezzerà forse una trascrizione fonetica a titolo di esempio. Meno banalmente rispetto alla troppo celebre formula di Einstein:

$$E = mc^2 \quad \text{cioè: "e-uguale-emme-ci-due",}$$

consideriamo l'equazione di Schrödinger scritta in apertura, che qualunque fisico saprà pronunciare senza esitazione:

"i-acca-per/di-su-di-ti/di-psi-di-ics-e-di-ti//uguale//meno-acca-al-quadrato-su-due-emme/di-due-su-di-ics-due/più-di-due-su-di-ipsilon-due-più/di-due-su-di-zeta-due/di-psi-di-ics-e-di-ti-più/vi-di-ics/psi-di-ics-e-di-ti".

(Questa trascrizione d'altronde non rende abbastanza l'idea di una prosodia ben particolare, che meriterebbe invece maggiore attenzione).
Così, l'affermazione galileiana vale come una petizione di principio che annuncia esattamente ma enuncia erroneamente il ruolo dei matematici nella nuova fisica: si tratta, per i suoi tempi, di figure geometriche che non sono però dei caratteri; più tardi, si avranno proprio dei caratteri, ma non si tratterà più di figure.
E bisogna tentare di chiarire più precisamente la natura di questi nuovi segni. Quando Galileo formula il suo programma, i "caratteri" (geometrici) che egli nomina possono essere considerati come dei *pittogrammi*, rappresentativi della realtà che essi designano: i triangoli e i cerchi rimandano direttamente alle cose del mondo, e rappresentano le forme di oggetti solidi oppure le traiettorie di quelli mobili. Ma i caratteri letterari o simbolici della notazione matematica non hanno nulla di figurativo; astratti per definizione, essi incorporano un considerevole condensato di significati, e sono dotati di un forte spessore concettuale. Se si volesse rendere conto del ricco contenuto semantico di questi segni, si dovrebbe parlare qui di semagrammi piuttosto che di ideogrammi.
Probabilmente questo aspetto è ancora più forte nella fisica matematica che nelle matematiche pure, nella misura in cui questi simboli non rimandano soltanto a concetti generali astratti (variabile, funzione ecc.), ma a grandezze fisiche specifiche concrete (energia, corrente elettrica, amplitudine quantistica ecc.) che ostentano dietro a ciascuna lettera o segno una fitta rete di significati. Questi grafismi, nondimeno all'origine perfettamente contingenti (legati per esempio a un linguaggio particolare: perché altrimenti rappresentare con m una massa?), finiscono con il portare un'autentica carica ontologica: nella percezione del fisico, E è una energia, v è una velocità ecc. Per accertarsene bisogna solo vedere quanto sia difficile mettere in opera una legge fisica, sia pure elementare, nel momento in cui venissero modificate le notazioni convenzionali: per esempio, un banale problema di elettrocinetica, fondato sulla semplice legge di Joule, abitualmente scritta $V = RI$, dove V è la differenza di potenziale, R la resistenza e I la corrente elettrica, porta alla più grande confusione se si denota con V la corrente, con I la resistenza e con R la differenza di potenziale. D'altronde, il gergo di lavoro del fisico, rivela spontaneamente questa ontologizzazione del segno: non è raro, davanti a una formula scritta alla lavagna, sentire una certa lettera denominata "questa cosa", "questo aggeggio" oppure anche individualizzata come "questo tipo" (dove l'ambiguità tra persona e segno, riconducendo o restando quella della parola "carattere", è tanto significativa quanto involontaria).
Tuttavia il nuovo sistema di scrittura della fisica provoca pure come conseguenza che le sue combinazioni di segni, ben lungi dal rappresentare solo una registrazione codificata, una sorta di stenografia passiva di leggi del mondo, costituiscano una vera macchina simbolica che mette in opera queste leggi. Allo stesso modo, il segno utilizzato per gli integrali, $\int$ (dovuto a Leibniz), così come il segno ∂ impiegato per le derivate, non designano so-

lamente enti matematici particolari, ma rinviano di fatto alle operazioni d'integrazione e di derivazione eseguite per produrre tali enti. Probabilmente si potrebbe allora parlare di *tecnogrammi*. C'è in ogni formula un meccanismo algoritmico virtuale, pronto a partire in qualsiasi momento nelle mani del fisico che lo applicherà a tale o tal altra situazione concreta. Un'equazione non è un enunciato statico, un semplice verbale, ma cela una dinamica di calcolo (di risoluzione) sempre pronta a produrre nuovi risultati numerici o concettuali. Si potrebbe illustrare tale punto attraverso un paragone dettagliato tra le dimostrazioni dei *Principia* newtoniani sotto la loro forma geometrica iniziale, e la loro formalizzazione analitica moderna - oppure, più eloquentemente ancora, attraverso il contrasto tra la lunga e ardua discussione verbale della nozione di velocità istantanea di Galileo e la scrittura simbolica $\frac{dx}{dt}$, divenuta convenzionale, che esprime in modo condensato la definizione formale di tale nozione, e, di colpo, ne automatizza praticamente il calcolo.

Il carattere sacro della fisica

Alla rivoluzione galileiana, che introduce la matematica nel cuore della concettualizzazione della fisica, segue così una seconda rivoluzione, quella della formalizzazione della sua scrittura, che da sola dà significato pieno al programma galileiano, mentre lo distoglie dalla sua formulazione iniziale. Ma si rivela qui un paradosso che mette in piena luce la complessità delle relazioni tra scienza e cultura. Il fatto è che questa nuova tappa viene superata solo grazie al risorgere di elementi antichi, che appartengono alla preistoria della scienza moderna e sono ormai superati dalla rottura galileiana - per esempio il concetto ideografico della scrittura.

Si può certo pensare che la scrittura alfabetica abbia reso possibile la scienza[6]. Attraverso la separazione operata tra cosa e segno, essa avrebbe permesso il lavoro di astrazione, di distacco delle apparenze sensibili, che sta alla base stessa della conoscenza di tipo scientifico. Autorizzando l'accesso a una scrittura comune, facile da insegnare, da praticare, da riprodurre, essa avrebbe favorito lo scambio di queste conoscenze e dunque il loro sviluppo. Si tratta almeno di uno degli elementi che vengono talvolta addotti come risposta alla grande domanda di J. Needham, che si interroga sulla ragione della nascita della scienza - nel senso moderno del termine - in Occidente (Grecia/Islam/Cristianità), e non in Cina.

Si avverte dunque una grande ironia quando si osserva la vecchia nozione di ideogramma rientrare in questa scienza attraverso la finestra della scrittura, mentre si pensava di averla messa alla porta del pensiero fin dall'inizio. Ma non ci si stupirà del ruolo giocato in questa faccenda da Leibniz che fu, lo si è detto, il più fecondo e inventivo creatore di segni matematici tanto che non ci si scorda della sua ricerca di un "alfabeto dei pensieri umani", quella "caratteristica universale" di cui fantasticava. Si conosce pure l'interesse vivace ed esplicito che egli ebbe proprio nei confronti della scrittura cinese. Inoltre bisogna precisare che non si tratta evidentemente, in questa storia, di un semplice ritorno ad una vecchia ideografia, ma di una ripresa specifica e dinamica del suo principio.

E come non vedere che, sotto l'aspetto della operatività, la scrittura formalizzata moderna della scienza fisica si ricollega a tentativi molto antichi, come quello dell'Ars combinatoria, illustrato in particolare dalle meccaniche algoritmiche divinatorie di Raymonde Lulle nel tredicesimo secolo, a cui Leibniz si appellava del resto apertamente. Attraverso la mediazione di Lulle si risale anche a un altro universo di pensiero e di scrittura, quello delle lingue semitiche, l'arabo e l'ebraico. In esse, lo statuto della lettera è molto diverso da quello degli alfabeti greco-latini a cui siamo abituati nelle lingue indoeuropee. Forse non si è prestata abbastanza attenzione a questa influenza delle scienze arabe sulla forma delle conoscenze prodotte dalla rivoluzione scientifica europea del diciassettesimo secolo, oltre al loro contenuto.

"Il carattere della lingua araba ha fatto orientare le conoscenze che esprimeva verso un pensiero analitico atomistico, occasionalista e apoftegmatico. (...) Si può pensare che questa "algebrizzazione" sia una sorta di "laicizzazione nominalista" (...). Le ventotto lettere dell'alfabeto arabo, oltre al loro valore aritmetico, che si cancella poco a poco davanti all'impiego crescente dei numeri indiani, possiedono un valore semantico nella serie delle ventotto idee-classi che "geroglifizzano" la *Weltanschaung* dei pensatori arabi. L'epoca araba è così l'avvento del ragionamento astratto che "algebrizza" per mezzo di alfabeti numerati: ogni lettera può "mettere in movimento" l'oggetto numerato grazie al numero intero che essa simbolizza, per mezzo dell'addizione degli elementi frazionari di cui il totale riproduce questo numero intero. Segnaliamo a tale proposito la stupefacente "macchina pensante gli eventi" costruita dagli astrologi arabi sotto il nome di *zarja*, studiata da Ibn Khaldoun, imitata da Raymond Lulle nella sua *Ars Magna*, ammirata ancora da Leibniz"[7].

L'assenza di notazione delle vocali nella scrittura delle lingue semitiche provoca la distensione del legame fonetico tra lo scritto e la parola, permettendo di comprendere come le lettere (consonanti) siano investite di uno statuto contemporaneamente simbolico e numerico essenziale, conducente a pratiche esegetiche e divinatorie letterali (come la "ghematria" ebraica). L'impatto di queste concezioni sul pensiero europeo del Rinascimento fu tanto profondo quanto quello del neoplatonismo, con cui formarono una combinazione esplosiva. Più specificamente, si possono seguire le tracce dell'influenza della cabala ebraica del Medioevo, attraverso la cabala cristiana, su autori quali Marsilio Ficino e Pico della Mirandola (e, altrove in Europa, Jakob Boheme e Robert Fludd), oltre che, evidentemente, Giordano Bruno[8], e di là su taluni fondatori della scienza moderna[9]. C'è un aspetto particolare, direi essenziale, che merita di essere menzionato perché traduce chiaramente l'impatto di quella vecchia tradizione pre-scientifica su uno degli aspetti più innovatori della scrittura matematica moderna. Fra i fondatori della notazione simbolica dell'algebra, così come ci è nota, figura il matematico (e giurista) Francois Viète, contemporaneo del giovane Galileo, uno fra i primi a rappresentare con le lettere le grandezze che compaiono nelle equazioni. Tuttavia in Viète, le consonanti sono riservate ai coefficienti numerici (conosciuti) e le vocali alle quantità sconosciute da calcolare; ed è impossibile non vedere in questa scelta un'eco diretta dello statuto delle lettere negli alfabeti semiti: "Al giorno d'oggi, in cui c'è un minor numero di eminenti orientalisti rispetto ai tempi di Viète, è difficile non guardare alla sua scelta come a una indicazione della rinascita delle lingue semitiche: ciascuno sa che nell'ebraico e nell'arabo, sono date solo le consonanti e che a partire da esse le vocali devono essere ritrovate"[10].

Ci vorrà più di un secolo per ritrovare una tale "letteralità" nella formalizzazione della fisica. Ma persino nella fase iniziale, in cui è "attraverso figure e movimenti" (Descartes) che si tenta di decifrare il libro della Natura, la concezione cabalistica esercita la sua influenza. Così Keplero poteva scrivere[11]: "Io gioco in effetti con i simboli, e ho cominciato un libro chiamato *La Cabala geometrica*, che tenta di raggiungere le medesime forme che io considero. Poiché niente può essere provato esclusivamente con dei simboli; nulla di ciò che è celato nella filosofia naturale è raggiunto attraverso simboli geometrici, a meno che si possa mostrare con ragioni conclusive che non si fa ricorso solamente a dei simboli, ma anche ad una messa in chiaro dei legami tra le cose e le loro cause".

Tra questa frase di Keplero e quella di Galileo richiamata all'inizio si vede giocarsi il passaggio stesso alla scienza moderna: laddove per Keplero il simbolo (geometrico per il momento) è pertinente solo se mette in evidenza significati nascosti, per la qual cosa Keplero - lo si è detto abbastanza - resta tributario di concezioni esoteriche, per Galileo la figura viene ridotta al solo statuto di "carattere" formale. Il paradosso sta nel fatto che questa esoterizzazione, per quanto efficace possa essere, sarà in qualche modo attaccata alle spalle dalla formalizzazione di Leibniz che darà una carica veramente esoterica ai suoi simboli. Ad ogni modo, la visione di Keplero solleva una incomprensione della tradizione cabalistica in cui la rappresentazione, per esempio quella classica del diagramma dei Sephirot (Figura 3), gioca solo un ruolo secon-

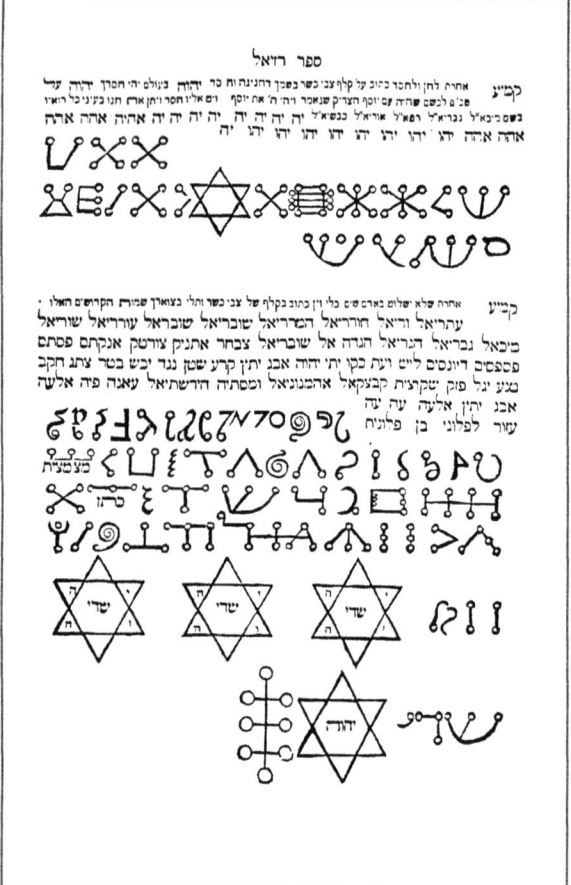

Figura 3. Una pagina del *Libro di Raziel* (Paesi Bassi, XVII sec.), con dei caratteri della "scrittura angelica" (riprodotto in Z'ev ben Shimon Halevi, *La Cabbale*, Seuil, 1980, p. 35)

dario[12]: "Nonostante questo diagramma comprenda corrispondenze tra l'alfabeto ebraico e gli elementi, le stagioni, le parti del corpo, i giorni della settimana, i mesi dell'anno, ecc., sembra chiaro che il sistema si fonda meno sulla forma del diagramma che sulla sequenza e sul senso delle lettere dell'alfabeto. La tradizione qui è molto più letterale e forse numerale, piuttosto che figurativa".

Ciò è dimostrato per esempio dallo strano *Livre de Raziel* con le sue varianti tipografiche che si presume riproducano una "scrittura angelica" (Figura 3). Di fatto, al di là del ricorso alla lettera, la pregnanza della tradizione ebraica si accentua nello statuto al tempo stesso ontologico e dinamico che viene loro implicitamente dato. Questa concezione trova la sua espressione essenziale nell'idea cabalistica secondo la quale le lettere sono state sia materiale sia strumento della genesi del mondo[13]. Questa idea, presente già nel *Sepher Yetsira*, viene lungamente sviluppata nel brano dello *Zohar* che riporta la creazione del mondo con l'aiuto delle lettere a lui preesistenti e il cui ruolo farà perdere la loro forte carica di significato intrinseco[14]: "(...) quando il Santo, sia benedetto, volle creare il mondo, le lettere erano incluse. E, nel corso dei duemila anni che precedettero la creazione, Egli le contemplava e giocava con loro. Quando Egli si decise a creare il mondo tutte queste lettere gli si presentarono davanti (...). La prima a presentarsi davanti a lui fu la lettera Tav. - Maestro dei mondi, essa disse, ti piaccia impiegarmi per creare il mondo poiché io sono il sigillo[15] del tuo Sigillo che è la verità (*Emet*). Tu stesso ti chiami Verità. Si addice a un re cominciare dalla lettera di verità e servirsi di lei per creare il mondo -. Il Santo, sia benedetto, rispose: " Tu sei degna e giusta. Ma non sei appropriata perché a partire da te Io crei il mondo. E questo [perché] tu sei il sigillo della morte (*Mavet*). Tale quale sei, tu sei impropria a cominciare la creazione del mondo". La lettera Tav si ritirò subito. La lettera Chin si presentò e disse: "Maestro dei mondi, ti piaccia impiegarmi per creare il mondo, poiché io sono l'inizio del tuo nome Chaddai e ti si addice creare il mondo con un nome santo...".

La posta in gioco di tale passaggio è comprendere perché la genesi cominci con la lettera Beit e non con Aleph, la prima; così tutte le lettere sono eliminate di volta in volta, per le loro caratteristiche fino a Beit, irreprensibile, che si vede accettata[16]: "Il Santo, sia benedetto, le disse: "Certamente sì! È grazie a te infine che Io creerò il mondo, tu inaugurerai la creazione del mondo". La lettera Aleph si astenne dal presentarsi. Il Santo, sia benedetto, le disse: "Aleph, Aleph, perché non ti presenti davanti a Me come tutte le altre lettere?". Aleph rispose: "Maestro del mondo, ho visto tutte le lettere comparirti davanti senza risultato, che cosa dovevo fare allora? Inoltre, Tu hai dato questo regalo prezioso alla lettera Beit e non è opportuno che il Re supremo ritiri il dono che ha appena fatto per accordarlo a un altro". Il Santo, sia benedetto, le disse: "Aleph, Aleph, malgrado il fatto che Io cre-

Leggi della natura

Scrivo:
    e la freccia spicca il volo

Scrivo:
    e la foglia beve il sole

Scrivo:
    e la luna solleva la marea

Scrivo:
    e il ferro nella fucina arrossa

Scrivo:
    e la brina copre la finestra

Scrivo:
    e la luce È

Scrivo:
    e il sale si fa cristallo

Scrivo:
    e il vento della sera si leva

Scrivo:
    e l'onda s'infrange

Scrivo:
    e l'arcobaleno si dispiega.

Scrivo:
    e intendo la tua voce.

Io scrivo, io descrivo, io decreto.
L'Universo si piega alla lettera.

                  Jean-Marc Lévy-Leblond

---

erò il mondo con la lettera Beit, tu sarai la prima di tutte le lettere dell'alfabeto, Io avrò unità solo in te e tu sarai pure inizio di tutti i calcoli, di tutte le opere del mondo[17]. Qualsiasi unificazione riposerà nella sola lettera Aleph". Il Santo, sia benedetto, cancellò in seguito le grandi lettere *In-alto* e le piccole lettere *In-basso*".

Secondo le parole di Gershom Scholem: "Dio ha impresso le lettere e fu una sorta di prototipo - il paradigma del mondo. Ecco un'idea ebraica".

Questa idea che fa dell'alfabeto "l'oggetto assoluto" la si ritrova nella "ideologia spontanea" (Althusser) del fisico (teorico almeno), dove il simbolo di una grandezza fisica è la sua essenza stessa. La formula che enuncia una legge è la legge e lo scritto è un decreto. Ogni volta che la formula viene enunciata, essa reinstaura la regola alla quale la Natura deve obbedire. Se la maggior parte dei grandi geni della fisica ha certamente il sentimento demiurgico di stabilire le leggi della Natura piuttosto che scoprirle, questa convinzione implicita resta quella del più modesto ricercatore che ricopia fra le tante una formula veramente magica, che s'imporrà sul reale. Tuttavia tale gesto fondatore e ordinatore, di cui la lettera è l'agente, è il gesto stesso del Creatore. Come non potrebbe riconoscersi un teorico moderno in questo ritratto dei suoi predecessori - tracciato da un *uomo di lettere*[18]: "Gli antichi cabalisti (...) si affidavano alle parole, alle sillabe, alle lettere; aspettavano la mezzanotte quando il giorno ha esaurito il suo rigore, quando lo spirito ha più forza e la carne meno veemenza; allora accendevano tutte le lampade della loro camera più silenziosa e, con il cuore riscaldato dallo zelo, l'intelligenza tesa dal rispetto, essi cercavano negli arcani dell'alfabeto sacro il mezzo per partecipare al gioco eterno che Dio gioca con le sfere".

Partecipare al gioco del mondo, in effetti... Ma se la scrittura, anche quella della scienza, diventa così gesto di creazione, allora si opera nientemeno che un gesto di sovvertimento completo della metafora galileiana: molto semplicemente, il Grande Libro della Natura non è più sempre già là, scritto "davanti ai nostri occhi" e pronto ad essere letto e decifrato. Ormai, siamo noi che lo scriviamo, prendendo la Natura alla lettera.

(traduzione di Carla B. Romanò)

Note bibliografiche

1. Cfr. Jean-Marc Lévy-Leblond, "Physique et mathématique", in Coll., *Penser les mathématiques*, Seuil, Paris, 1982
2. Galileo Galilei, *Il Saggiatore*, Torino, Einaudi, 1977, p. 33
3. L'opera di riferimento classica sulla storia delle notazioni matematiche è il superbo libro di Florian Cajori, *A History of Mathematical Notations* (2 voll.). Open Court, Chicago, 1929 (3ª edizione, 1952)
4. Michel Blay, *Les raisons de l'infini. Du monde clos à l'univers mathématique*, Gallimard, Paris, 1993
5. Tuttavia rileviamo che oggi si assiste ad un potente ritorno della figura nel testo scientifico, in particolare nella fisica. Non si tratta solo dello sviluppo di tecniche d'immagine elaborate che ci fanno vedere fenomeni considerati fino a qui come inaccessibili ai nostri occhi, come le configurazioni atomiche o il dettaglio di astri lontani. È un vero e proprio risorgere del modo geometrico e figurale che opera all'interno stesso della teoria. Se ne ha una illustrazione maggiore nel campo della dinamica non-lineare, più popolarmente chiamata fisica del caos, dove la rappresentazione di "attrattori strani", come la farfalla di Lorentz o il ferro di cavallo di Smale gioca un ruolo essenziale, al tempo stesso come strumento concettuale e come icona simbolica (perfino mediatica)
6. Baudouin Jurdant, "The Role of Vowels in Alphabetic Writing", in Derrick de Kerckhove & Charles J. Lumsden (eds) *The Alphabet and The Brain*, Springer Verlag, Berlin, 1988, pp. 381-400; "La science, la parole et l'ecriture", *Apertura* 9, 1993, pp. 120-131
7. R. Arnaldez, L. Massignon & A.P. Youschkevich, in *Histoire générale des sciences* (sotto la dir. di R.Taton), t.1: *La science antique et médiévale*, PUF, p. 460
8. Cfr. lo studio essenziale di Frances A.Yates, *Giordano Bruno and the Hermetic Tradition*, Routledge & Kegan Paul, Chicago, 1964, in particolare i capitoli V ("Pico della Mirandola and Cabalist Magic") e XIV ("Giordano Bruno and the Cabala")
9. Giorgio Israel, "Le judaisme et la pensée scientifique: le cas de la Kabbale", in *Les religions d'Abraham et la science*, Maisonneuve et Larose, Paris, 1996, pp. 9-44; "Le zéro et le néant: la Kabbalah à l'aube de la science moderne", *Alliage* n. 24-25 ("Science et culture autour de la Méditerranée"), automne-hiver 1995, pp. 21-28
10. C. Henry, "Sur l'origine de quelques notations mathématiques", *Revue archéologique*, vol. XXXVIII, 1879, p. 8 [citato da F.Cajori, op.cit., p.183]
11. Johanes Kepler, *L'harmonie du monde*, Blanchard, Paris, 1980
12. Dereck de Solla Price, "Geometries and Scientific Talismans and Symbolisms", in *Changing Perspectives in the History of Science (Essays in Honour of Joseph Needham)*, M.Teich and R.Young (eds), Heinemann, 1973, p. 263
13. Gershom Scholem, *Les grands courants de la pensée juive*, Payot, 1994
14. *Le Zohar*, trad. Ch. Mopsik, Verdier, 1981, p. 36
15. "Il sigillo" vale a dire la lettera finale
16. Op. cit., pp. 39-40
17. Come non ricordarsi qui che Cantor scelse la lettera aleph come simbolo dei numeri transfiniti, che permettono un vero calcolo dell'infinito?
18. Emmanuel Berl, *Sylvia*, Gallimard, Paris, 1952, p. 256

matematica e **letteratura**

Carciopholus Romanus

di Michele Emmer

Introduzione
"Un'applicazione del teorema di Guldino m'interessava molto più che un sonetto di monsignor Della Casa o un epitaffio di Gongora. Che cosa è accaduto - mi domandava l'altra sera un mio amico del Seminario di Matematica - perché ti allontanassi tanto da quelle verità che ti facevano le orecchie bianche dall'emozione, nell'aula di San Pietro in Vincoli?
Che cosa è veramente accaduto non so. Posso dire di aver conosciuto giorni di estasi tra gli anni 15 e gli anni 20 della mia vita, per virtù delle matematiche, e quando mi capita di poter ricordare quei giorni, quelle semplici immagini, quelle costruzioni di modelli impenetrabili alla malinconia, alle lacrime, un incanto inesprimibile, una pena soave, una musica accorata mi quieta tutte le voglie e io grido, all'amico che non mi riconosce più:

Quella era l'intelligenza
quelle erano le sfere!"

Parole scritte, o meglio pubblicate nel 1944: un breve saggio intitolato *Furor Mathematicus*. Autore: Leonardo Sinisgalli.
Nell'introduzione al libretto (pubblicata nell'edizione del 1982 ma non in quella del 1992) così scriveva a Gianfranco (Contini?):
"Carissimo, cerca di approfondire questa idea che mi son fatta della poesia: un quantum, una forza, una estrema animazione esprimibile mediante un numero complesso $a + bj$: ideali mundi monstrum (Leibnitz); quantità silvestre (Cardano); somma di un reale e di un immaginario (Cartesio)(...) Ma torniamo ai numeri complessi, al binomio $a + bj$, dove a e b sono quantità reali e j il famoso operatore immaginario. Questo operatore dà un senso, un'inclinazione al numero che per sua natura è orizzontale e inerte, lo rende attivo, lo traduce in forza. A me pare analoga l'azione di j a quella che il poeta esercita sulla "cosa".
Le parole per formare un *verso* devono avere una particolare *inclinazione* (scritta così, questa frase sembra addirittura lapalissiana). Voglio dire, insomma, che il simbolo j ci darebbe un'idea di quella che è l'alterazione provocata dal linguaggio sulla realtà, del rapporto tra "cosa" e "immagine".
Ma questi sono ancora degli assiomi: non si potrebbe cavar fuori dei teoremi? Perdonami, caro Gianfranco. Io cercavo questa sera un pretesto, tra matematico e metafisico, per farmi ricordare da te, il giorno del mio onomastico."

(Milano, 4 novembre 1944)

Nato a Montemurro, Potenza, nel 1908, Sinisgalli si iscrisse alla facoltà di matematica dell'università di Roma nel 1925; dopo il biennio si laureò in ingegneria. All'università seguì i corsi di Severi, Levi-Civita, Castelnuovo, Fantappié. Nel 1929 rifiutò l'invito di Enrico Fermi a collaborare nell'istituto di fisica. "Potevo trovarmi nel gruppo di ragazzi che hanno aperto l'era atomica, preferii seguire i pittori e i poeti e rinunciare allo studio dei neutroni lenti e della radioattività artificiale". A Roma aveva conosciuto Libero De Libero e Giuseppe Ungaretti, Mafai, Scipione.
Tra gli anni Trenta e Quaranta, oltre a pubblicare diversi libri di poesia, iniziò l'attività nel campo industriale: *art director* per la Società del linoleum, creatore della pubblicità della Olivetti, organizzatore delle campagne Olivetti, direttore della famosa rivista *Civiltà delle macchine*. Oretta Bongarzoni ha scritto nell'introduzione alla ristampa del 1992 di *Furor Mathematicus* e altre opere di Sinisgalli:

"Ciò che rende l'intelligenza di Sinisgalli così affascinante ("fuor del comune" scrisse Gianfranco Contini) e questo libro in particolare così unico nella letteratura italiana è la spinta alla circolazione ininterrotta fra l'uno e il molteplice; e dunque l'incapacità o il rifiuto di esprimere lo sdoppiamento. Il cuore, o l'azzardo, del pensiero non sono mai sul limite fra materia e spirito, corpo e anima, pieno e vuoto, mondo visibile e mondo invisibile. Sono piuttosto in una forza unitaria e sincretica, in un principio di energia che distrugge "la cosa per creare l'immagine", in un numero reale che sconfina nel numero immaginario e cioè in qualcosa che, come diceva Leibniz, è quasi un anfibio tra essere e non essere".

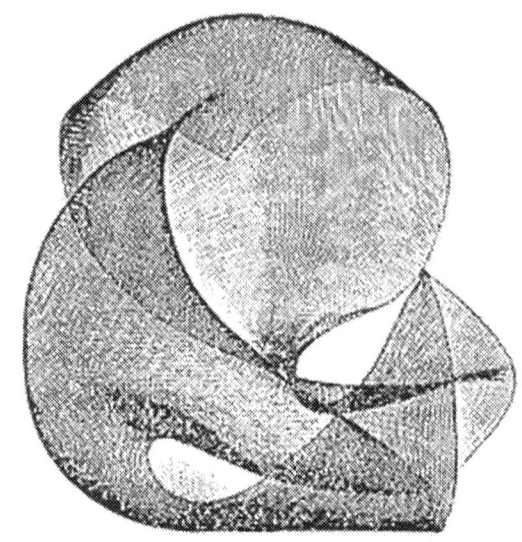

Bruno Munari *Concavo-Convesso*, 1948 (plastico in rete di ottone). Dal volume *Furor Mathematicus*

Ho conosciuto Sinisgalli alla fine degli anni Settanta a Roma. Stavo realizzando i primi film della serie *Matematica e arte*. Ero entrato in contatto con artisti letterati, da Luigi Veronesi a Bruno Munari, da Max Bill a Arnaldo Pomodoro. Ci siamo incontrati diverse volte in una trattoria di Testaccio, un quartiere popolare di Roma. Andai anche a una lettura delle sue poesie, dette con quella sua voce così particolare. Qualche mese dopo Sinisgalli morì, si era nel 1981. Sono passati molti anni da allora ma io non ho dimenticato quegli incontri e quel progetto. Nel 1981 ero negli USA e incontrai un caro amico, George Francis, matematico che lavora da anni all'Università dell'Illinois a Urbana. È uno dei massimi esperti di *computer graphics* e realtà virtuale applicata alla geometria. Francis mi mostrò alcune immagini di una superficie che era legata alla *Superficie Romana di Steiner*. Mi venne in mente Sinisgalli. Ecco perché.

Carciopholus Romanus

Sinisgalli scrisse un piccolo racconto[1], pubblicato nel 1936 nei *Quaderni di geometria*, che parla di una superficie topologica nota con il nome di *Superficie Romana di Steiner*.

"Dei miei compagni d'infanzia una figura ancora mi sfugge, una figura che ho cercato di acciuffare tra le tante così dolcemente arrendevoli che si sono impigliate nelle mie pagine. È Giuseppe, il piccolo mostro, figlio di Rosa Mangialupini. Chi me l'avrebbe detto che nella forma dei lupini, ingrandita convenientemente, io avrei visto un giorno realizzato il sogno di Gauss, il sogno di una geometria non euclidea, una geometria barocca, come mi piace chiamarla, una geometria che ha orrore dell'infinito? Ma proprio l'altro ieri, in una delle mie visite settimanali al professor Fantappié[2], ho fatto la conoscenza con un simulacro molto più complesso della forma dei lupini, la *Superficie Romana di Steiner* (...) È una superficie chiusa del quart'ordine a variabile complessa. È una curiosa forma, quella che io ho visto, un tubero grande quanto un sasso, con tre ombelichi. Il matematico tedesco Steiner la trovò meditando, una mattina[3] del 1912, al Pincio, proprio seduto su una di quelle panchine dove io, ragazzo, andavo a leggermi i *Canti di Maldoror*".

Pubblicati nel 1869 da Isidor Lucien Ducasse (1846-1870) con lo pseudonimo di Conte de Lautréamont, i *Canti di Maldoror* sono un libro delirante e terribile e anche, come scrive Ulisse Jacomuzzi nell'introduzione alla ristampa del 1988, "un fantasma che si aggira nella coscienza letteraria del Novecento". Più citata che letta, più emblematizzata che studiata, l'opera di Ducasse è ancora oggi spesso vittima di un ostinato luogo comune: definiti come apocalisse nera, spazio delle folli sregolatezze logiche, semantiche e morali create da una penna retta da un incubo, frutto tanto maturo della grande pianta romantico-byroniana da apparire oramai quasi fradicio, testo dalla profetica oscurità, i *Canti di Maldoror* continuano a funzionare da svuotato punto di riferimento per confuse tendenze all'eversione letteraria e a poetiche del *maudit*".

Perché interessava a Sinisgalli l'opera di Ducasse? Uno dei motivi è legato al fatto che "in Ducasse l'interesse è puntato sin dall'inizio sulla possibile costruzione di una metodologia artistica rigorosamente logica dove l'incidenza del caso sul fare estetico sia ridotta praticamente a nulla; passaggio dalla creazione alla meccanizzazione, dall'indistinzione dell'arbitrario alla comprensibilità neutra della formula e della massima (...) Innalzare il poetico a scienza è compierlo, secondo Ducasse, nella verità dell'umano che è ordine e, con questo, armonia e misura".

Nel 1927 François Alicot raccolse l'unica testimonianza diretta su Ducasse studente al liceo di Pau negli anni 1864-65. È interessante notare che, nella testimonianza del suo compagno, Ducasse era "uno spirito bizzarro e sognatore che non superava il livello medio di istruzione (...) Non ha mai rivelato alcuna attitudine particolare per le matematiche e la geometria, di cui celebra con entusiasmo l'incantevole bellezza nei *Canti*". Ducasse lascia il liceo nel 1865 e nel 1868 esce la prima edizione dei *Canti di Maldoror*.

Quando nel 1936 Sinisgalli pubblica *Quaderni di geometria*, nel saggio dallo stesso titolo che apre il volumetto, riporta diversi brani dei canti di Maldoror, in cui è celebrata la matematica. I brani sono riportati da Sinisgalli in francese; qui li presentiamo tradotti: "O matematiche severe, non vi ho dimenticato da quando le vostre sapienti lezioni, più dolci del miele, filtrarono nel mio cuore come un'ombra rinfrescante. Aspiravo istintivamente, fin dalla culla, a bere dalla vostra fonte, più antica del sole, e continuo ancora a calcare il sacro sagrato del vostro solenne tempio; io, il vostro più fedele iniziato (...) Aritmetica! Algebra! Geometria! Trinità grandiosa! Triangolo luminoso! Colui che non vi ha conosciuto è un insensato! Meriterebbe i più grandi supplizi (...) Nelle epoche antiche e nei tempi moderni, più di una grande immaginazione umana ha scorto il proprio genio, atterrito, nella contemplazione delle vostre figure simboliche tracciate sulla carta bruciante, come altrettanti segni misteriosi, vivi di un alito latente, che il volgare profano non comprende e che non erano che la stupefacente rivelazione di assiomi e di geroglifici eterni, che sono esistiti prima dell'universo e che continueranno dopo di lui (...) Ma l'ordine che vi circonda, rappresentato soprattutto dalla regolarità perfetta del quadrato, caro a Pitagora, è ancora più grande; ché l'Onnipotente si è rivelato completamente, lui ed i suoi attributi, nell'opera memorabile consistita nel fare uscire, dalle viscere del caos, i vostri tesori di teoremi ed i vostri magnifici splendori".

Qui terminano i brani riportati da Sinisgalli, il quale però continua: "Essa si domanda, sporgendosi sul precipizio di un'interrogazione fatale, come può essere che le matematiche contengano tanta imponente grandezza e tanta verità incontrovertibile, mentre se paragonata all'uomo, essa non trova in lui che falso orgoglio e menzogna (...) Voi mi donaste la logica, che è come l'anima stessa dei vostri insegnamenti pieni di saggezza; con i suoi sillogismi, il cui labirinto più complicato non è che il più comprensibile, la mia intelligenza sentì raddoppiare le sue forze audaci (...) Il pensatore Cartesio fece, una volta, la riflessione che nulla di solido era stato costruito sulla vostra base. Era un modo ingegnoso per far capire che il primo venuto non poteva scoprire subito il vostro inestimabile valore. Infatti, cosa c'è di più solido che le tre qualità principali già nominate che si innalzano, intrecciate come un'unica corona, sulla cima augusta della vostra architettura colossale? Monumento che si accresce senza posa di scoperte quotidiane e di esplorazioni scientifiche nei vostri splendidi domini. O sacre matematiche, che possiate, col vostro commercio perpetuo, consolare il resto dei miei giorni della malvagità degli uomini e dell'ingiustizia del Gran Tutto".

matematica e letteratura

Abbiamo lasciato Sinisgalli che leggeva i Canti sulla panchina del Pincio pensando alla *Superficie Romana di Steiner*.

"Anche i geometri hanno lasciato quell'aggettivo davanti alla forma, l'hanno chiamata *Romana*. T.S. Elliot, nel *canto di Simeone*, evoca i giacinti romani: "I giacinti romani fioriscono nei vasi (...)" ha tradotto Montale. E chi sa perché nella mia mente ho sposato le due immagini: i giacinti e questo strano frutto matematico, un frutto degli orti mediterranei, una specie di pomodoro singolare, un pomodoro - per intenderci - con tre uncini (...) Ebbene questa forma fa pensare ai fratelli e alle sorelle siamesi, a un nodo triplo, trigemino di pomodori siamesi. Il prof. Conforti, il prof. Severi e il prof. Fantappié, tre luminari, - Severi alto e ricciuto, Fantappié tondo e piccolo, Conforto magro e mezzano - che erano vicino a me, a guardare quella forma, sembravano commossi (...) Questa superficie, io dicevo, è un frutto romano, come il carciofo. Ma Severi, Conforti e Fantappié ne enumeravano invece tutte le mirifiche proprietà: quattro cerchi generatori, tre poli tripli, un'area calcolabile per integrali razionali, e poi non so quali altre diavolerie. A me pareva di sentir Linneo parlare dei carciofi: *carciopholus picassianus, carciopholus guttusii, carciopholus pipernensis aut romanus*. Avevo sentito molte matrone disprezzare le nuore milanesi o perugine perché non sapevano preparare i carciofi alla romana. *Capare* un carciofo, vale a dire prepararlo in tal modo da non lasciare niente di calloso o fibroso per la cottura, "è molto difficile per una buzzurra" mi aveva detto un giorno la vecchia baronessa Zaira de Cousandier, nata Serafini, nella sua casetta di Piazza Maresciallo Giardino alle falde di Monte Mario; lei aveva bevuto acqua delle Tre Cannelle da molte generazioni. Ma la *Superficie Romana di Steiner* più che dall'*humus* del Testaccio e degli orti gianicolesi, più che dal fertile ferro del suburbio sembrava lavorata dall'aria e dalla luce di Roma, come un bel ciottolo di travertino: era una spugna di calcare con tre buchi, tre acciaccature, tre cavità. Una forma con tre gobbe, una borrominata, ecco tutto. Immaginate una sfera elastica pressata dalle punte di tre coni".

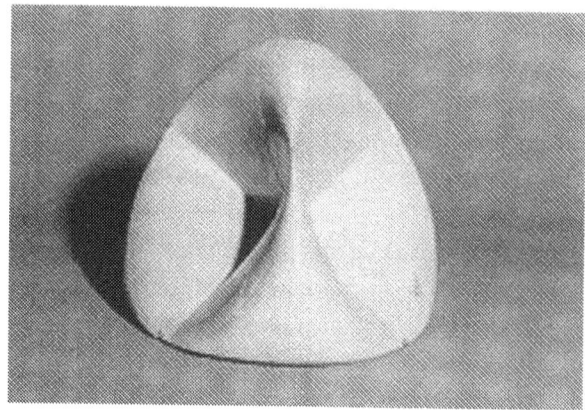

La *Superficie Romana di Steiner*, modello tridimensionale. Università di Torino

La Superficie Romana di Steiner

Si legge nel *Repertorio di Matematiche Superiori* di Ernesto Pascal che "la superficie di Steiner ha la proprietà fondamentale d'esser segata in una coppia di coniche da ogni suo piano tangente. Essa possiede tre rette doppie che si intersecano in un punto, che è naturalmente triplo per la superficie. I quattro punti d'incontro delle due coniche in cui la superficie è segata da un suo piano tangente, sono: uno il punto di contatto, e gli altri tre sono ciascuno su una delle tre rette doppie. La superficie di Steiner è di 3a classe; e il cono tangente condotto da un punto qualunque è del 6° ordine (...) Scegliendo per piani coordinati i tre contenenti a due a due le rette doppie e un altro piano, la equazione della superficie di Steiner può ridursi alla forma

$$X_2^2 X_3^2 + X_3^2 X_1^2 + X_1^2 X_2^2 - 2 X_1 X_2 X_3 X_4 = 0.$$

Più di recente ha dedicato un libro alla superficie di Steiner il matematico francese François Apéry [2]: "Mentre visitava Roma nel 1844, Steiner scoprì alcune proprietà della superficie che aveva costruito (...) Sembra certo che Steiner non scrisse alcun articolo sulla superficie che chiamò Romana. Dato che non aveva molta familiarità con i calcoli complicati, non fu in grado di stabilire né il suo grado con assoluta certezza né alcuna rappresentazione parametrica. Un anno prima di morire Steiner chiese a Weierstrass di portare avanti i calcoli; Weierstrass fu capace di farlo senza problemi. La superficie così ottenuta è una superficie razionale algebrica la cui parametrizzazione è definita ovunque; è di grado quattro".

Nel libro di Apéry è possibile trovare diverse immagini a colori realizzate con la *computer graphics* della superficie Romana di Steiner; inoltre Apéry informa che è possibile comprare anche un modellino tridimensionale della superficie dallo stesso editore del suo libro. Di molte superfici i matematici realizzarono modelli tridimensionali; se ne trovano in molti dipartimenti di matematica. Il modello riprodotto nella pagina a fianco proviene dalla biblioteca del Dipartimento di Matematica dell'Università di Torino[4].

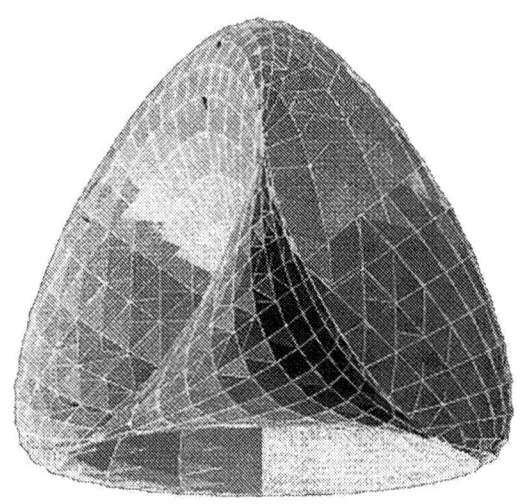

La *Superficie Romana di Steiner*, realizzata con *Mathematica* da Giorgio Ferrarese

La Venere Etrusca

Se la *Superficie Romana di Steiner* assomiglia ad un carciofo della campagna romana, non così la Dea Venere, che come tutti sanno, nacque dalla spuma del mare:

> *E come ebbe tagliati i genitali (di Urano) con l'adamante*
> *li gettò dalla terra nel mare molto agitato,*
> *e furono portati al largo, per molto tempo;*
> *attorno bianca*
> *la spuma dall'immortale membro sortì, e da essa una figlia*
> *nacque, e dapprima a Citera divina*
> *giunse, e di lì poi giunse a Cipro molto lambita dai flutti;*
> *lì approdò, la dea veneranda e bella, e attorno l'erba*
> *sotto gli agili piedi nasceva; lei Afrodite,*
> *cioè dea Afrogena e Citerea dalle belle chiome,*
> *chiamano dèi e uomini, perché dalla spuma nacque; (...)*
> *Lei Eros accompagna e Desiderio bello la segue*
> *da quando, appena nata, andò verso la stirpe degli dèi.*

Che cosa possono avere in comune una superficie topologica, un *carciopholus romanus* e la dea Afrodite? Sembrerebbe assolutamente nulla. Invece una delle sorprese che la *computer graphics* ha riservato ad alcuni matematici americani è stata quella di veder apparire sul loro terminale video una Venere topologica strettamente legata, matematicamente parlando, con la *superficie Romana di Steiner*.

La nascita ufficiale di quel settore della matematica che oggi si chiama Topologia si ha con il volume *Analysis Situs* pubblicato da Poincaré [12]. "Per quanto mi riguarda, tutte le diverse ricerche delle quali mi sono occupato mi hanno condotto all'*Analysis Situs* (letteralmente Analisi della posizione)". Poincaré definiva la topologia come la scienza che ci fa conoscere le proprietà qualitative delle figure geometriche e ha come oggetto lo studio delle proprietà delle figure geometriche che persistono anche quando le figure sono sottoposte a deformazioni così profonde da perdere tutte le loro proprietà metriche e proiettive, per esempio la forma e le dimensioni; ovvero le proprietà topologiche restano invariate se si sottopongono le figure a piegamenti e stiramenti, senza però tagli e strappi. La topologia non fu ovviamente inventata da un unico matematico. Il termine Topologia fu usato per la prima volta nel 1847 da J.B. Listing nel titolo del suo libro *Vorstudien zűr Topologie* (Studi introduttivi alla topologia). E i primi lavori in cui compaiono problemi che oggi vengono chiamati topologici si possono far risalire ai lavori di Riemann alla metà del XIX secolo. Problemi di topologia si incontrano anche nei lavori di Eulero, di Moebius, di Cantor.

"Sicuramente, tra gli obiettivi più importanti di ogni educazione alla geometria vi è quello di rafforzare la facoltà di immaginare oggetti nello spazio e la capacità di creare modelli." Questa frase di Artur Schoenflies, scritta nel 1908, è riportata all'inizio di un libro molto particolare di topologia dal titolo *A Topological Picture Book* [8]. L'autore del libro, il matematico americano George K. Francis, spiega che: "l'argomento del mio libro consiste nell'insegnare a disegnare illustrazioni matematiche. Naturalmente la prima questione è se in matematica sia necessario fare disegni e figure oppure no. Alcune discipline scientifiche richiedono illustrazioni, altre no. Se è impossibile immaginare un trattato di anatomia senza illustrazioni, immaginate di illustrare i *Principia Mathematica* di Bertrand Russell (1872-1970) e Alfred North Whitehead (1861-1947)". Lo stimolo per realizzare il libro, risultato del lavoro di più di dieci anni, è stata la riscoperta da parte di Francis delle opere dei grandi geometri del secolo scorso a cominciare dai lavori di Felix Klein (1849-1925): "Vi era in loro una straordinaria capacità di guardare e immaginare strutture molto complicate (...) Erano capaci di disegnare figure, costruire modelli e scrivere manuali su come realizzarli. Così facendo sono stati in grado di fissare e tramandare un ricordo molto preciso della matematica del loro tempo. Mi sono deciso a cercare di fare lo stesso per la matematica contemporanea".

In un'epoca in cui la grafica computerizzata ha invaso ormai molti settori della ricerca scientifica, si potrebbe pensare che le illustrazioni del libro di Francis, che sono la parte essenziale e hanno rappresentato la novità del libro, siano state realizzate esclusivamente utilizzando questa tecnica. E invece no. La stragrande maggioranza è realizzata a mano, utilizzando una molto tradizionale lavagna e dei gessi colorati. Mi ricordo quando, nel 1981 al Dipartimento di Matematica all'Università dell'Illinois a Urbana, Francis mi mostrò sulla lavagna del suo studio alcuni dei disegni che fanno ora parte del libro. Francis ha utilizzato un *supercomputer* per una parte delle ricerche. Uno

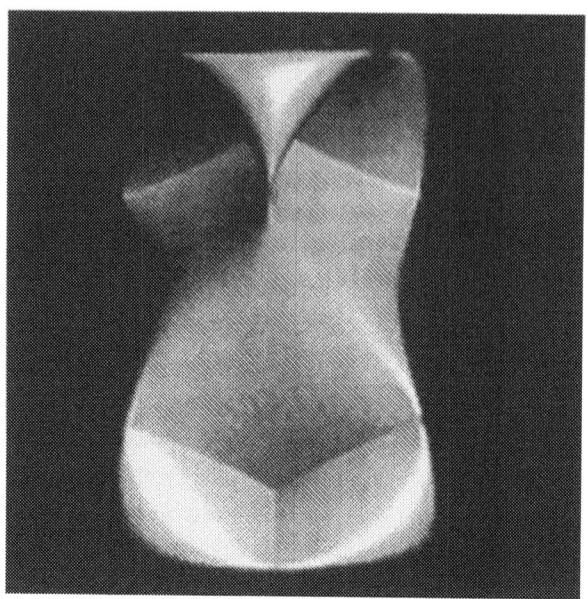

D. Cox, G. Francis, R. Idaszak, NCSA (National Center for Supercomputing Applications, Urbana, Illinois), *Bronze Venus*, immagine prodotta con programma ETR FORTRAN su CRAY XMP e IRIS 2400 (1987).
© autori & NCSA

dei problemi di cui si è occupato riguarda la *superficie Romana di Steiner*. Moebius si era domandato, circa centotrenta anni fa, che cosa si sarebbe ottenuto se la sua striscia ad una faccia, il nastro di Moebius, fosse stata incollata ad un disco che ne ha due. Una più recente generazione di geometri, tra cui Giuseppe Veronese e Luigi Cremona, scoprì che la superficie di Steiner era la risposta al problema posto da Moebius. Con il vantaggio che i loro metodi analitici consentono oggi di eseguire disegni mediante il *computer*. È possibile trasformare la superficie di Steiner, tramite una deformazione nota con il nome di Omotopia Romboy, nella più semplice *Superficie di Werner Boy* [3]. La costruzione che Boy fece della superficie che porta il suo nome, realizzata nel 1901, era puramente geometrica. Solo nel 1978 Bernard Morin ha trovato la prima parametrizzazione esplicita della superficie di Boy [10], cioè le equazioni che la descrivono. E proprio François Apéry, allievo di Morin, riuscì a provare in [1] alcune proprietà della superficie di Boy, in particolare il fatto che era possibile ottenerla come superficie algebrica reale di sesto grado.

Francis ha chiesto ed ottenuto la collaborazione di una *computer artist*, Donna Cox, che ha diretto un progetto di visualizzazione tra arte e scienza al National *Center for Supercomputing Applications* dell'Università dell'Illinois, uno dei centri all'avanguardia [4] nell'utilizzare le nuove tecnologie dopo la chiusura del *Geometry Center* a Minneapolis. Con l'aiuto dello specialista in programmazione Ray Idaszak, Francis e la Cox hanno realizzato diverse animazioni di superfici topologicamente interessanti. Una delle superfici che Francis e i suoi colleghi hanno ottenuto è stata chiamata *Etrusca* perché è, dal punto di vista del calcolo, più semplice di quella *Romana*, e quindi ne è una antenata. Tra le immagini ottenute della superficie Etrusca ve ne è una "totalmente inaspettata". La sua costruzione è stata fatta partendo da una coppia di nastri di Moebius incollati lungo i loro rispettivi unici bordi, ottenendo così una bottiglia di Klein. Operando sulla bottiglia di Klein, Francis e i suoi colleghi sono arrivati alla forma totalmente inaspettata di una Venere, una *Venere Etrusca*. Spiega Francis che: "la omotopia RomBoy utilizzata da Apéry per trasformare la superficie Romana in quella di Boy applicata alla Venere Etrusca dà luogo ad una bottiglia di Klein regolare, di nome Ida perché Ray Idaszak per primo ne ha visto sul suo terminale grafico la forma." Nel film *Etruscan Venus* sono state inserite animazioni al computer che riguardano l'utilizzazione di diverse omotopie. Per Francis, il matematico, queste nuove forme hanno aperto la strada ad una forma d'arte completamente nuova, che ha chiamato *Topological Art* [16]: "Il nastro di Moebius, la bottiglia di Klein, il piano proiettivo e la superficie Romana, insieme ai più familiari cilindro, cono, sfera e toro, sono i personaggi topologici più noti (...) La nascita della Etruscan Venus è avvenuta nell'asettico regno della matematica pura e della computer graphics sperimentale. Queste immagini sono davvero volute, ispirate da una efficace nuova idea? Oppure sono oggetti trovati per caso, adattati, forse piacevolmente colorati e rielaborati, ma pur sempre il prodotto del cieco caso nelle operazioni di routine degli esperimenti di visualizzazione scientifica al NCSA?"

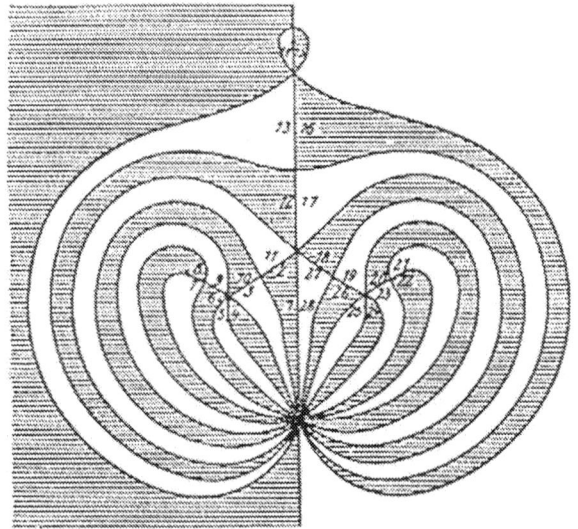

Labirinto matematico

Se lo scopo originario di Francis non era la creazione di una forma piacevole come la Venere, bensì quello di visualizzare un processo topologico, utilizzando la omotopia RomBoy e metodi sperimentali molto avanzati di *color graphics* uniti alla capacità di calcolo di un *supercomputer*, che i risultati sarebbero stati così fotogenici, così piacevoli per l'occhio, era solo un'ipotesi. "Non avevamo alcuna ragione per essere certi che lo sarebbero stati. La Venere e i suoi derivati omotopici sono quindi oggetti casuali, abilmente preparati per essere guardati, qualcosa di simile ad una scultura fatta con legni trasportati dalle correnti.

Frammenti di matematica contemporanea, metodi innovativi nell'assegnare il colore, algoritmi ottimizzati nel calcolo, queste sono le componenti selezionate con cura, riunite assieme e messe in mostra dal team Venere Etrusca/omotopia RomBoy del National Center for Supercomputing Applications di Urbana, Illinois."

Tanti anni fa Sinisgalli riscopriva il *Carciopholus Romanus*, frutto anche dell'aria di Roma. Molti anni dopo sullo schermo di un computer nell'Illinois è apparsa una Venere, antenata di quel carciofo.

Per concludere, torniamo a Sinisgalli e al breve saggio *Calcolatrici*, tratto sempre da *Furor Mathematicus*: "Si sa che la mente umana, via via che passano i secoli, si va completamente liberando dal calcolo. La Matematica si muove in senso opposto a quel che credeva Platone: non è più anamnesis, reminiscenza, non è più una facoltà della memoria. Irrobustisce il suo dominio sui simboli. La Memoria è diventata invece un attributo delle macchine (...) In ogni segno matematico c'è l'indicazione di un movimento, ma di un movimento abbreviato a tal punto da contenere in sé, per così dire, già il risultato. Lo sforzo dei matematici è consistito forse in questo: l'aver costruito il più formidabile sistema di abbreviazioni. I matematici hanno chiuso in un segno un concetto e un'operazione (...) La macchina è costretta a non sbagliare. Non ha nessuna possibilità di distrarsi. Fabbrica risultati, non si perde dietro le ipotesi."

"Ma i sogni
di che sostanza sono i sogni?
I sogni sono segni
Oh! I sogni sono lapis".

Note

[1] In [14], pp. 43-45

[2] Luigi Fantappié (1901-1956), matematico, lavorò per molti anni all'Istituto Nazionale di Alta Matematica, fondato da Francesco Severi nel 1939

[3] Steiner era morto nel 1863! Una licenza poetica

[4] Ringrazio per le informazioni e per le fotografie Giorgio Ferrarese e Alessandra Cavagnero dell'Università di Torino. Ferrarese e Cavagnero stanno pubblicando un libro sui modelli di superfici matematiche presenti all'università di Torino

Bibliografia

1. F. Apery, La surface de Boy, *Advances in Mathematics*, vol. 61 n. 3 (1986), pp. 185-266
2. F. Apéry, *Models of the Real Projective Plane: Computer Graphics of Steiner and Boy Surfaces*, Vieweg, 1987
3. W. Boy, Uber die Abbildung der projektiven Ebene auf eine im Endlichen geschlossene singularitätenfreie Fläche, *Kgl. Ges. d. Wiss. Nachrichten, Math-Phys. Klasse*, Heft 1 (1901), pp. 20-33
4. D. Cox, G. Francis, R. Idaszak, *The Etruscan Venus*, videotape, durata 4 minuti, National Center for Supercomputing Applications (NCSA), University of Illinois, Urbana, 1987
5. D. Cox, Using the Supercomputer to Visualize Higher Dimensions, *Leonardo*, vol. 21 n. 3 (1988), pp. 233-242
6. Isidore Ducasse, Conte di Lautréamont, *Opere complete*, Mursia, Milano, 1988
7. Esiodo, *Teogonia*, VII secolo a.C.; traduzione di G. Arrighetti, BUR, Milano, 1984, versi 188-202
8. G. Francis, *A Topological Picturebook*, Springer-Verlag, Berlin, 1987
9. G. Francis, *Topological art*, in M. Emmer (a cura di), *L'Occhio di Horus: itinerari nell'immaginario matematico*, Ist. della Enciclopedia Italiana, Roma, 1989, pp.157-163
10. B. Morin, Equations du retournement de la sphère, *CRAS*, série A, Parigi (1978), t. 287, pp. 879-882
11. E. Pascal, *Repertorio di Matematiche Superiori*, Hoepli, Milano, 1900, vol. 2°
12. H. Poincaré, *Analysis Situs*, J. Ecole Polytechnique, n. 2 (1895), Parigi, p. 1
13. L. Sinisgalli, *Quaderni di geometria*, Mondadori, Milano, 1950
14. L. Sinisgalli, *Furor Mathematicus*, Edizioni della Cometa, Roma, 1982 pp. 9-13
15. L. Sinisgalli, *Furor Mathematicus*, Ed. Ponte alle Grazie, Firenze, 1992, pp. 7-17
16. G. Francis, *Topological art*, in M. Emmer (a cura di), L'occhio di Horus: itinerari nell'Immaginario matematico, Istituto della Enciclopedia italiana, Roma, 1989, pp.157-163

Ricerca realizzata nell'ambito del progetto CNR "Matematica e Immagine"

La grafia dell'invisibile.
Pretesti tra matematica e letteratura

di Franco Vitelli

Il regno pitagorico

Letterato presunto, sono abusivo tra voi matematici, ma consentirete, a me che provengo dalle parti in cui passeggiava Pitagora, di avere qualche titolo per intervenire a questo convegno.

Le campagne geometriche intorno ai ruderi del tempio sembrano perpetuare, tra leggenda e realtà, un'armonia del numero, una simmetria delle cose per cui tutto diventa bello. Un sistema cosmologico di perfezione dell'universo che con sussulto brusco viene a infrangersi nella difficile commercializzazione dei prodotti e accredita la voce di una ventata di irrazionalità. A Ippaso di Metaponto si attribuisce del resto la diffusione della scoperta delle grandezze incommensurabili, per la quale fu espulso dalla setta. In ossequio al divieto di Pitagora non ci sono campi di fave, ma di fragole, vigneti e aranceti.

È un lontano ricordo la tragica e suggestiva realtà che vi trovò Antonio Baldini nel 1930 attratto quaggiù da una rima in *onto*, piuttosto che dalla passione archeologica o dall'amore per Pitagora, che anzi sottopose a drastica demitizzazione. Quel mago medico profeta aveva pure lui i suoi tic, grattava la testa delle aquile, che poi sgusciavano via "con strida di gioia". Del mitico glorioso passato Baldini non trova neanche l'ombra, e forse non vuole neanche trovarla con il suo atteggiamento di viaggiatore disincantato. Ironica e sferzante la sua nota conclusiva: "Era quaggiù che Pitagora di notte ascoltava le sinfonie dei cieli, il concento degli astri, il melodioso attrito delle sfere. Io non sento che il rumore della pioggia sulla tettoia e penso che con un tempo simile anche Pitagora doveva contentarsi di andare a letto senza musica"[1].

Eppure, per il poeta di questa terra, lo spirito del silenzio, sofistico e d'oro, problematico e sottile, da Elea a Metaponto domina o ha dominato la dolorosa provincia. Dal silenzio è nata una religione, dall'uovo una scienza: non bisogna stupirsi che Pitagora abbia scoperto le leggi della musica e Zenone la vacuità dei sensi. Rimane la forza argomentativa degli antichi parenti che "indagarono l'essenza dello Zero e dell'Infinito", ma a quanti interessano ancora simili argomenti?

L'invisibile e il confine

Non è più tempo di proporre schemi desueti di malidettismo, "è più probabile che i poeti spuntino dai seminari e dai politecnici". L'algebra "scoprì la metrica dell'invisibile" e il geometra non ha più la necessità di vedere o disegnare alla lavagna, si serve di una "grafia dell'invisibile". Nella poesia di Mallarmé gli oggetti si sono trasformati in essenze, proiezioni pure, dove le procedure della metafora e dell'analogia sono la stessa poesia. L'autore del fauno lavora "ai confini dell'invisibile", nel "Regno dell'Assenza", il suo Fiore è in fondo *une Fleur Quelconque*, come il *punto qualunque* segnato dalla mente per avviare una dimostrazione"[2].

Ho preferito le suggestioni poetiche per far passare un concetto che oggi si impone ben oltre la vulgata scolastica dell'interdisciplinarità. Nella crisi delle concezioni totalizzanti, "la vita non dimora più nella totalità" dice Magris, si dà una frantumazione dell'Io e dei saperi; eppure pulsa il bisogno di una nuova identità che, nella consapevolezza della frattura avvenuta, ricomponga l'unità attraverso il molteplice nei modi e nelle forme possibili. Le certezze costituite rendevano più saldi e impenetrabili i confini, relegando i saperi nell'orgoglio dell'autosufficienza, che poi è castigo dell'isolamento. Cosicché, quasi paradossalmente, l'occasione dell'incontro è favorita da una realtà dispersa. Dice opportunamente Giuseppe O. Longo che "una rete intramata di assonanze e analogie (...) si rivela come il vero fondamento costitutivo dei saperi e della cultura e l'unico che può restituire senso globale alla ricerca"[3]. Il rischio della frequentazione di territori ibridi in un'atmosfera non familiare apparentemente confusa si sposa all'eccitante avventura di scoprire nuovi orizzonti: l'azzardo di una *letteratura contaminata*, direi di una *cultura contaminata*, è ormai ineludibile[4].

Non è un caso che Morris Kline abbia posto in esergo alla prefazione del suo libro *La matematica nella cultura occidentale* (Feltrinelli, 1982) il seguente passo di Platone: "Quando tutti questi studi avranno raggiunto il punto di intercomunione e di connessione l'uno con l'altro, e perverranno a essere considerati nelle mutue affinità, allora, io credo, e solo allora, il loro perseguimento avrà un valore ai nostri fini; altrimenti in essi non c'è profitto". Anticipa in maniera eloquente il taglio dell'opera che non vuole essere solo una storia della matematica, ma individuare la centralità di essa all'interno della tradizione occidentale, svelandone il fondamento nei diversi comparti della filosofia, della religione, dell'economia, della pittura, della letteratura, della musica, dell'architettura. Una visione e un'indagine ad amplissimo raggio che con il suo impegno finisce con il mettere a dura prova l'onnicomprensività delle competenze dell'autore medesimo, che tuttavia ne esce vittorioso anche per le capacità di attrazione della sua piana scrittura.

Ormai prende sempre più piede la ricerca che si svolge a cavallo, come attraversamento di territori molteplici con molteplicità di punti di vista; il che, lungi dal costituire un limite, provoca il vantaggio dell'arricchimento e fa respirare un'aria più pura di libertà interpretativa, fuori da vincoli quasi teleologici. Dice Remo Cantoni a proposito dell'*Uomo senza qualità*: "Tra le opere più rappresentative del nostro tempo troviamo libri che stanno in una zona di confine che appartiene in egual misura a un genere e all'altro, a una forma culturale e all'altra, anche se la cosa riesce irritante per chi è romanticamente o accademicamente legato alle distinzioni di ieri e alla logica che presiede a tali distinzioni"[5].

L'approdo alle zone di confine, umbratili e fecondissime, con lo sguardo mirato al rapporto scienza-matematica/letteratura, è sostenuto da Giuseppe O. Longo, che ha dalla sua il vantaggio della duplice competenza. Qui l'aggancio si determina anche nella chiara proposizione dell'insufficienza dell'analisi scientifica per la piena interpretazione del mondo. Con il procedere suggestivo di scrittore finissimo Longo aggiunge: "il contatto con il mondo del numero, del ragionamento logico, del rigore sperimentale si travasa con impeto demiurgico nelle loro opere [di Musil e Broch] accendendole di intuizioni, arricchendole di slanci analitici e folgorazioni logiche"[6].

È il pregio della grande cultura che fermenta sulle ceneri dell'impero asburgico e fonda la sua originalità sul binomio "anima-esattezza", su cui si è esercitata l'acribia critica di Claudio Magris, in un racconto pieno di fascino che è diventato la base della sua esperienza di scrittore creativo. Per Magris, appunto, *L'uomo senza qualità*, i *Sonnambuli*, *Auto da fé* sono romanzi e antiromanzi in cui "la parola perde ogni vibrazione d'impressionismo lirico e individuale per divenire espressione matematica e tornare quindi alla sua presenza di *logos*, violata dal soggettivismo borghese del *siècle stupide*"[7].

Silvano Tagliagambe, a suggello categoriale, ha intitolato il suo ultimo, assai stimolante libro: *Epistemologia del confine* (Il Saggiatore, 1997). Siamo di fronte a un lavoro di alto profilo, complesso nella strutturazione per i diversi campi che viene a investire. Il punto di partenza dell'analisi è il "grande sistema" dello scienziato russo Vernadskij che vede interagire geosfera, biosfera e noosfera; esplicitando, si può dire che tra la vita della specie e l'ambiente vi è un reciproco condizionamento e che il risultato del processo non va considerato per l'incidenza del singolo, ma nell'insieme della collettività. Dotato di una straordinaria cultura enciclopedica Vernadskij aveva sviluppato il "gusto per lo sconfinamento", quasi come dovere della conoscenza. La necessità di provare a risolvere problemi che esulavano dall'ambito stretto della sua competenza lo portò "a riflettere sull'edificio della scienza nella sua globalità"; e quindi per un verso all'adozione di metodi *globali* e per l'altro all'individuazione di un limite, di un confine. Il sistema di Vernadskij ha una struttura circolare che consente la reciprocità degli influssi tra le scienze ed "esclude in linea di principio e delegittima ogni pretesa di "imperialismo" da parte di una disciplina sulle altre". I "fatti storici, delle scienze umanistiche e anche della storia della filosofia" non possono essere guardati con sospetto sol perché presentati con parole e non con metodi matematici. Questo indubbio riconoscimento trova però un limite nell'esigenza di sviluppare "quelle parti delle discipline umanistiche, che sono legate alle scienze che si occupano della natura, alla matematica, alla tecnica". A prescindere dall'introduzione surrettizia di una forma diversa di subordinazione, in tal modo viene disperso tutto il potenziale letterario che talvolta poggia sull'assoluta gratuità.

Per illustrare il concetto dell'"io" come "realtà di confine", non chiuso in se stesso ma, specie a seguito del vorticoso sviluppo tecnologico, identità relazionale che si muove in un sistema di reti, Tagliagambe ricorre a Michail Bachtin, grande teorico e critico letterario. In Bachtin trova l'idea che l'uomo, quale storicamente è e agisce, non può percepire la totalità delle proprie esperienze e perciò si pone come un *sistema aperto*; invece l'eroe, quale è costruito dallo scrittore, e l'altro descritto dall'individuo entrano in una realtà definita e caratterizzata. Ne discende una valorizzazione di quello che avviene al confine, sulla soglia, e l'impulso inevitabile al dialogo. "Essere significa comunicare".

Non può apparire senza significato che Tagliagambe dedichi spazio alla letteratura, attribuendole un ruolo notevole nel superamento dell'ambiguità concettuale del confine, che viene inteso sia come limite che come ponte di raccordo tra il mondo visibile e quello invisibile. Fa sua nelle conclusioni la posizione di Giorgio Israel, che denuncia "l'invasione della matematica (...) a ritmo esponenziale", mentre sarebbe il caso di recuperare la "quantità e qualità di conoscenza che possono fornirci certi prodotti della letteratura".

Nel *Maestro e Margherita* di Bulgakov è celebrata la grande capacità dell'arte nell'inventare una realtà altra, virtuale, che viene a integrare su un medesimo piano quella fisica e materiale. Lo scrittore russo avrebbe posto a oggetto preminente della sua opera quella stessa interazione dei tre mondi individuata da Popper: il mondo 1 delle entità fisiche, il mondo 3 dei "contenuti oggettivi di pensiero", il mondo 2 degli stati della mente che funziona da *interfaccia*.

C'è un "fascino estetico della matematica" di cui si fa garante Hardy, che scorge nella creazione delle forme il comune denominatore rispetto agli altri campi dell'arte, come la pittura e la letteratura; sol che le forme della matematica in quanto fatte di idee sono più durature dei colori e delle parole.

Per Hadamard di *La psicologia dell'invenzione in campo matematico* ci sarebbe una sorta di fiuto d'artista, un innato gusto estetico che porta il ricercatore a espungere le combinazioni non utili ai fini della soluzione finale, quasi uno scarto delle ipotesi non belle. Siamo nel campo delle analogie tra la creazione artistica e quella scientifica, che hanno provocato un invito alla prudenza da parte di Paolo Zellini, non già per negare la possibilità di una convergenza, quanto per mettere nel conto che "la limpidezza e la bellezza della matematica si congiungono con un che di oscuro e di incerto"[8]. Una specie di fondo dionisiaco che deve porre un limite alla faccia apollinea del bello ideale, delle esclusive simmetrie perfette.

Per Michele Emmer "la novità è che ora i matematici, oltre a continuare a pretendere che la loro disciplina sia un'arte, vogliono anche essere considerati, almeno alcuni, artisti a pieno titolo"[9]; e qui entra in gioco la *computer graphics*, che ha consentito la realizzazione di oggetti bellissimi, in quanto prodotto di complicate ricerche matematiche.

Chi sembra reagire ai "pasticciacci loici e ingegnerecci" (la mimesi parodica è gaddiana, appunto) è Cesare Cases, che da buon marxista accetta l'ingerenza della matematica in funzione ordinatrice del caos del mondo e con ovvi riflessi di scrittura geometrica, ma respinge il ricatto delle scuole politecniche che sarebbero di per sé garanti. Anzi, per lui piega ormai ricorrente è l'intruglio dell'*ermetismo matematico*: "Mallarmé più Leonardo e Cartesio dà Valéry, tra le vaghe proteste di Julien Benda. Le forme più astratte della ragione diventano l'alibi degli irrazionalisti"[10].

Un contributo informato e rigoroso, perché proveniente da uno studioso da sempre attento alle convergenze tra letteratura e scienza, è quello di Sandro Modeo, *Ariosto e Folengo: ordine e caos*[11]. Più che scendere nei dettagli dell'analisi del *Furioso* e del *Baldus*, conviene acquisire le premesse epistemologiche e di metodo che supportano il saggio. Modeo applica alla letteratura le più recenti acquisizioni dei matematici e dei fisici in merito alle ricerche su *caos e complessità*, mettendo in evidenza due linee riconducibili alle funzioni continiane, rappresentate in emblema nella letteratura del Novecento da Gadda e Calvino, ma risalenti giù per li rami a opere forgiate "sotto Signorie della rilucente pianura padana cinquecentesca". Ordine e caos, geometria euclidea e geometria frattale irregolare possono rappresentare due distinte categorie interpretative delle vicende della storia letteraria, ma anche convivere specularmente all'interno della medesima attività creatrice. È importante che le asprezze e le irregolarità, l'ambiguo siano entrati nel dominio della scienza perché ciò contribuisce ancor più a stringere i legami con la letteratura.

Guardando al passato, si può trovare conforto nel passaggio dal monologo al dialogo anche nella cultura illuministica dell'*Enciclopedia*. Diderot vedeva "il fondamento del bello nella percezione dei rapporti" che l'intelletto riscontra nelle cose con l'aiuto dei sensi e considerava uno stato di felicità per il geometra mantenere "il gusto per le arti belle", nonostante la continua dimestichezza con le scienze astratte. D'Alembert, pur ammettendo la diversità dell'ingegno matematico rispetto a quello del letterato, non escludeva una convivenza e cita Pascal, ma non solo lui. Anzi, sulla scorta di Fontenelle, arriva a sostenere che le qualità del geometra (rigore e disciplina) non solo non nuociono, ma giovano a una migliore riuscita dell'opera letteraria. Il talento matematico che conserva duttilità di mente non starà "sempre curvo sulle figure e sui calcoli", ma "saprà risolvere un problema e leggere un poema; calcolare i movimenti dei pianeti e divertirsi a teatro".

L'elogio della fantasia
Spetta a Edoardo Vesentini il merito di aver ripescato su *Archimede* (luglio-agosto 1996) uno scritto disperso di Francesco Severi: la fonte da cui è stato sottratto all'oblio è la prima rivista gobettiana, "Energie Nove", che nell'ottobre del 1919 aveva dedicato un intero numero ai problemi della scuola, per le cure di Ernesto Codignola.
È assai probabile che Vesentini sia rimasto affascinato dalla capacità del giovanissimo Gobetti di chiamare a raccolta nomi tanto prestigiosi, da Gentile a Valgimigli, a Severi, appunto. La riproposta potrebbe intendersi anche come duplice omaggio: al grande animatore di cultura ammazzato per mano fascista e al grande matematico. Vesentini inquadra storicamente i fatti e propone per lo scritto il titolo *Elogio della fantasia*, già di per sé chiave di lettura che spiega l'utilizzo ai fini della tematica qui affrontata. Sotto la specie di suggerimenti per superare una vera e propria idiosincrasia nei confronti della matematica, Severi sviluppa questioni più generali che sono poi quelle del rapporto tra ragione e intuizione, logica e fantasia, in sostanza tra matematica e letteratura. Non a caso la riflessione muove dalla possibilità di riscontrare nelle "composizioni letterarie" degli allievi "robustezza di pensiero, proprietà di linguaggio, percezione netta della funzione logica delle varie parti del discorso" e nello stesso tempo allergia per teoremi e postulati. Le cause di tale contraddittoria realtà sono da ricercare nelle "vere e proprie indigestioni del cervello", nella pratica di riversare nell'insegnamento della matematica "un mondo di sottigliezze logiche" che guasta di riflesso "l'insegnamento intuitivo".
Per Severi occorre invece potenziare l'intuizione "che è facoltà creatrice, mentre la logica non è che il meccanismo che trasforma ed elabora i dati intuitivi". È il bisogno di comporre un equilibrio

violato, non già una filippica contro la logica matematica, anzi suona esplicito il riconoscimento a Peano, suo "venerato maestro".

Molti anni dopo, nell'articolo di *Primato* (15 ottobre 1942) "Matematica e civiltà", Severi, sia pur concedendo alla tristezza dei tempi "la funzione imperiale dell'Italia nel mondo", auspica i fasti di un nuovo umanesimo, una nuova sintesi, "come durante i miracoli della Rinascita e del seicento scientifico": una sensibilità che aggreghi scienziati e filosofi, uomini di lettere e di arti. La posizione di Severi mira a stigmatizzare l'aridità della tecnica e della scienza che non si fanno carico di un'etica della responsabilità civile, ma anche la protervia dell'offensiva "neoromantica" contro la cultura scientifica. Per la letteratura fa proprio un invito di Carlo Cattaneo ai poeti perché si liberino dalle nostalgie passatiste per dar voce alla "pura e semplice verità", volgendo gli occhi al "sole nuovo della scienza".

Torna significativo che Severi insista sulla "funzione civile" e che essa sia strettamente legata all'"aspetto estetico e morale" dei valori matematici. Si può individuare un'analogia di fondo tra l'esperienza artistica e quella matematica attraverso figure esemplari, da Pitagora, attraverso Leonardo e Galileo, sino a Luigi Cremona, "temperamento di scrittore e d'artista e fratello di Tranquillo, uno dei maggiori pittori dell'ottocento lombardo". Ma esiste anche una dimensione estetica della matematica che si palesa nella "scelta delle parole e dei simboli" e inerisce al momento costruttivo come alla "bellezza e eleganza dei risultati".

A fronte di un ideale statico Severi fa propria la tesi di Poincaré, che proprio in una conferenza romana del 1908, delineò un mondo della bellezza matematica, fluidificato da un'interna e vitale frizione tra "semplicità dei mezzi impiegati" e "complessità dei problemi risolti". Tra "invenzione" e "scoperta" Severi sembra optare per la seconda, perché le nostre idee più che baloccarsi "attorno a combinazioni create dal cervello", mirano "a scoprire qualcosa che già esiste fuori di noi" e che ci condiziona. E tutto ciò viene a creare una coincidenza di destini: "l'asserzione di Proust che l'artista non è libero dinanzi alla propria opera d'arte, perché preesiste a lui e gli si impone, s'applica tal quale a noi matematici".

La conferma della tensione creativa che anima l'agire di Severi, ci proviene anche dall'intervento a un convegno linceo su "I problemi del linguaggio" (1962). In esso si registra una rivalutazione del linguaggio comune, che dovrebbe essere usato dai matematici per rompere lo schematismo e la fissità biunivoca del loro modo di esprimersi. È in sostanza la valorizzazione della carica connotativa del linguaggio comune che aggredisce la fondamentale denotatività della lingua scientifica; perché "coi simboli non si danno invero che sciabolate nel buio", invece "una molla potente ci guida: quella dell'intuizione, arricchita di tutto l'apporto sentimentale, artistico e perfino poetico".

Algebra e discorso

Racconta Gianfranco Contini in *Diligenza e voluttà*[12] che fu incerto fino all'ultimo su quale facoltà scegliere, se lettere o matematica. Era bravo, in certo modo "equidistante da tutte le discipline" e perciò la sua decisione fu determinata da ragioni esterne: la frequentazione della Biblioteca Rosminiana ricca nel campo umanistico e viceversa la presenza di un professore di matematica, pur bravo, ma incapace di far nascere "una scintilla ulteriore". L'aneddotica continiana fissa così la genesi della sua vocazione, cui potrebbe aggiungersi l'altro codicillo biografico-familiare di una eredità per parte di madre del gusto dell'esattezza e della "intelligenza nel senso di logos" cui faceva da contropeso se non il "temperamento epico" come capacità di raccontare da parte del padre, almeno l'abilità del "conversatore" in grado di stimolare un altro sino al tormento.

Contini confessa verso le matematiche "un inesausto *amor de lohn o de oìdas*, e sempre attesta questa sua nostalgia in ricerche logicamente formalizzate". Il dato comune tra il critico testuale e il matematico è proprio questo, che marca invece le distanze dai modi della critica letteraria militante. "Formalizzare i dati" significa "mettere in ordine il caos" ed è esigenza che ciò accada nell'ambito dell'ecdotica: anche resta evidente che la scientificità dell'operazione è direttamente proporzionale ai risvolti di leggibilità: "ciò che limita la "purezza" algebrica della rappresentazione è la necessità del discorso". Il carattere scientifico del metodo lachmanniano trova condiscendenza nell'essere stato anticipato in epoca illuministica con applicazioni alla filologia sacra. È pur vero che nella scelta della lezione vale il calcolo della maggioranza numerica delle attestazioni (antidoto di *judicium*), ma il quadro può essere variato dall'insorgere di nuovi codici, sicché è "procedimento degno della scienza questa marcia di avvicinamento alla verità (...) verità come diminuzione di errore". "Lachmann o chi per esso è una specie di Laplace dell'ecdotica, e lo *stemma codicum* appare essere uno schema probabilistico".

Contini, se appare disponibile a concedere "una condotta assolutamente fiduciaria nei riguardi del documento", non altrettanto fa con "un'interpretazione meramente algebrica dei dati di critica interna". È la stessa ragione per cui "l'illusione di poter adoperare impunemente i calcolatori elettronici per una determinazione automatica di paternità (...) non sopravvive che circondata di cautela e riserve presso gli operatori più accorti" e ciò perché parole locuzioni valori timbrici, pur determinando "strutture di genere", non definiscono l'*individualità*, ma possono benissimo appartenere a una pluralità di soggetti. Resta, comunque, intatto il valore di "sussidio rilevantissimo" degli spogli elettronici, giacché "la memoria, elettronica o fisiologica che sia, è lo strumento essenziale dell'attribuzionista".

Definire Contini un positivista con riserva non renderebbe piena ragione dell'integralità degli elementi di formazione, dove il peso indiscusso della scienza e della mentalità "positiva" resta impregnato di storicismo. Forse occorre restituire a giusta misura l'influsso di Benedetto Croce, "sommo atleta della cultura" e ricordare che "riuscire postcrociani senza essere anticrociani fu lo sforzo di quegli anni". "Il dogma naturalistico" e l'implacabile "fede di laboratorio" farebbero dell'uomo "il figurino più inattuale" nel campo della scienza. Individuati i limiti e le degenerazioni dell'idealismo, Contini non manca di sottolineare che sono sfuggiti gli effetti del metodo in chiave di libertà: "Eppure, l'equivalente nelle discipline umanistiche d'una geometria metaeuclidea, meglio d'una fisica einsteiniana, di atteggiamenti alla Boutroux e alla Poincaré; l'ipotesi senza ambizioni metafisiche, perennemente ricontrollata sul limite dei "dati", distrutta e restaurata ogni giorno".

L'agire critico di Contini è aperto ai lumi della dialettica per sondare lo spazio della vita, e quindi dell'opera letteraria, tra ordine e disordine, ragione e intuizione, verità e arbitrio. L'assunto morale del critico è "castigare l'arbitrio", che è consustanziale, carne stessa dell'umano; un'autocastigazione. Il principe dei critici, in funzione speciale di Corte dei Conti, può consentire la fuga nell'irrazionale purché avvenga sotto l'occhio vigile della ragione stessa, che poi provvede a ricomporre le deviazioni.

"Matematico è colui che non cura le proporzioni sensibili degli oggetti e s'obbliga a vigilare anche il proprio delirio con ogni rigore di consapevolezza". C'è anche di più, l'inevitabile "grano della follia appartiene all'ordine".

Si può dire che il modello di Contini prevede sempre un "sistema di compensi", fuori dalla unilateralità degli atteggiamenti. Si vedano i due "ricordi di maestri", sui quali evidentemente proietta e incide le coordinate della sua visione critica.

Carlo Salvioni - i cui lavori "si direbbero affini alle matematiche" (Scherillo), di un "*Positivist à outrance*" (Spitzer) - appare a Contini "ricchissimo di motivazione storica e psicologica". "La mirabile, "matematica" oggettività del Salvioni trova subito una controparte sentimentale nella passione nazionalistica"; come per le figure paradigmatiche del positivismo il "temperamento appassionato o passionale" riscatta l'aridità dell'esercizio di un semplice catalogo dei dati.

La figura del filologo romanista Santorre Debenedetti gode peraltro il merito - il che non appare senza significato - di avere avviato Giulio Preti, complice la sua "alacre iniziativa intellettuale", sulle strade che lo portarono "verso la fenomenologia di Husserl e la logica matematica". Debenedetti ha inteso l'evoluzione dei tempi, il prototipo dello scienziato moderno è "il geometra o più propriamente il fisico teorico, uomini di silenzio, uomini di dimostrazione e di lavagna, elaboratori di leggi in senso strettamente matematico". L'impaginazione dell'edizione critica dei *Frammenti* dell'Ariosto trasmette un'aura da "geometria proiettiva" e l'opzione per una "parola funzionale" non va intesa quale consegna dell'aridità di "una cifra algebrica", perché dietro la scelta "morale" fermenta sempre l'essenza ontologica della parola che va nella direzione dello stile.

Un altro Debenedetti, conviene richiamare, Giacomino, amico anziché maestro, ma giudicato tra i grandi. Di lui solo pochi sanno che cominciò con studi scientifici, ma per Contini questa sua formazione non favorì un esercizio critico affinato sul processo formale, la matematica divenne piuttosto un "serbatoio di metafore" per le sue definizioni, "paradigma di invenzione inesauribile". A conferma di questo giudizio c'è la testimonianza dell'autore giustamente recuperata da Petrucciani: "ricordando la sua giovinezza di studente nella Torino intellettuale e operaia confessa che coltivava "le matematiche severe con un amore stranamente estetico", sì che i nomi di certe entità algebriche e geometriche lo "rapivano proprio per il loro valore magico e incantatorio di eventi verbali"; e altrove ha celebrato "la musica" dell'algoritmo"[13].

Nonostante lo sforzo teorico di Contini per un allargamento del canone, una "plenaria redazione" di una storia letteraria che includa gli scrittori "in funzione d'altro", la cui parte più cospicua è rappresentata dai "galileiani", rimane ancora da fare. E la difficoltà è sempre la stessa, l'impostazione eminentemente *bellettristica* che governa il taglio e perpetua una gerarchia di valori che andrebbe perlomeno integrata.

L'operazione di Contini, in più sedi rapidamente abbozzata, parte dalla scoperta tranquillamente ignorata che un'incrinatura si era di già verificata all'interno del sistema crociano. Distinguere tra il Croce dell'*Estetica* e quello della *Poesia* non è un fatto di comodo, ma serve a mettere in moto un processo che mostra l'insufficienza dell'arte come espressione pura. Che poi alla presa di coscienza del Croce abbia contribuito la scoperta del valore della scrittura, di se stesso come scrittore, anche a seguito del notevole saggio di Debenedetti, è cosa che giova al problema generale. L'importante è che sgorgava la necessità di altri tipi di espressione, da quella prosastica a quella oratoria, e si veniva così a soddisfare una richiesta da più parti avanzata e specie da Luigi Russo con la storia della non poesia; all'integrazione o allargamento contribuì molto "l'andatura in largo senso politica, assunta dal Croce dopo il 3 gennaio 1925".

Per Contini, dunque, se l'*Estetica* dà ragione dei valori istintivi e irrazionali, la *Poesia* "renderà giustizia alla componente illuministica e galileiana del secolo" che è la più rilevante.

Roberto Longhi "è l'esemplare più autorevole dell'uomo di scienza approdato per necessità ad alte responsabilità espressive", l'esigenza della "invenzione poetica insorge sempre come premio o aggio all'invenzione scientifica". Come dire che la "istanza di verità" precede quella di bellezza e in essa trapassa per fissazione dello stile, con ciò assorbendo e rifiutando il patronato dannunziano. Non disdegnò Longhi, studente di lettere a Torino, di frequentare le lezioni di Luigi Einaudi per "redigere le dispense di scienza delle finanze". Quel Luigi Einaudi "senza paragone il migliore degli scrittori scientifici in questo secolo, fuori dalla letteratura. Nonostante i temi trattati, per niente algebrico, anzi "allegro"".

Vige per Longhi il paradigma cui si è già accennato e in cui si rispecchia la condizione stessa di Contini: "nell'entropia letteraria acquista probabilità la dialettica della lotta (o che fa lo stesso della collaborazione) fra esposizione algebrica, in definitiva translinguistica dei risultati scientifici, e cifratura appassionata e suadente della ricerca".

Per un sottile gusto del contrario che sovente anima il critico, sino alle forme estreme del paradosso, Contini osa affermare che il suo amico Gadda "non aveva vocazione matematica" e, in genere, "era estraneo a procedimenti formalizzanti". Quel Gadda, si badi, che aveva rimproverato alla cultura italiana una scarsa predisposizione verso l'economia e la matematica, negandole il "sottofondo logico e riflessivo". Ma il discorso di Contini ha la sua coerenza: ci troviamo piuttosto di fronte alla sublimazione di una cultura liceale con i modi di una "metaforizzazione universale", in *Azoto e altri scritti di divulgazione scientifica*, "non si celebra la coincidenza di scienza ed espressione" che fa scrittori veri Longhi ed Einaudi. Gadda era "sede di processi di moltiplicazione", a cominciare dalla lingua, e risulta semmai "meritevole di un codicillo di Bachtin" per il suo riso rabelaisiano.

Quanta diversità rispetto all'altro ingegnere d'avanguardia, Sinisgalli, che della matematica aveva fatto "un'insistita euristica di entità immaginarie e silvestri" e sulla scia di Valéry ridotto la sua carriera a unità. Proprio nel dare *avvertenze* al lettore di Sinisgalli, Contini lancia l'idea di tentare un *excursus* sulla "funzione lirica della matematica" e ne sbozza qualche linea in cui ci sono tra l'altro riferimenti alla poesia di una tavola di logaritmi di Arago e al "demiurgo ottocentesco della geometria", Gauss.

Leopardi e la matematica

Non è fuori luogo che nel fervore di iniziative per celebrare il bicentenario della nascita si levi anche di qui un omaggio a Leopardi: il contino di Recanati sorprende sempre più per la fertile vitalità della sua opera e del suo pensiero.

Non ho la pretesa di una trattazione organica, anche perché il pensiero leopardiano sfugge alle classificazioni di sistema, e s'impone per la forza della sua *frammentaria* modernità. Il tentativo è stato quello di mettere insieme le tessere - proprio tali sono le annotazioni dello *Zibaldone* - per ricomporre un mosaico che nella visione complessiva mette in evidenza elementi non dirò di stringente coerenza, ma certo di un possibile percorso. Può darsi che, mutando gli elementi in gioco o la loro organizzazione, muti il quadro stesso; ma non c'è da dolersene, l'importante è la significazione del responso.

Poesia nella didattica

"I maestri, anche di matematica, dovrebbero avere ingegno poetico", così Leopardi al 117 dei *Pensieri di varia filosofia e bella letteratura*. Ma la proposizione è l'estratto di *Zibaldone 58*: "Non ci sarebbe tanto bisogno della viva voce del maestro nelle scienze se i trattatisti avessero la mente più poetica. Pare ridicolo il desiderare il poetico, per esempio, in un matematico; ma tant'è: senza una viva e forte immaginazione non è possibile mettersi nei piedi dello studente e prevedere tutte le difficoltà ch'egli avrà e i dubbi e le ignoranze ecc. che pure è necessarissimo e da nessuno si fa né anche da' più chiari, che però non s'impara mai pienamente una scienza difficile, per esempio le matematiche dai soli libri". Il limite dei trattati è, diremmo oggi, nella loro carenza di impostazione didattica che ostacola la trasmissione del sapere; anche quando sono chiari, i testi non si pongono dal punto di vista dell'allievo prevenendone le difficoltà. La forte capacità immaginativa, che sola può prefigurare una realtà potenziale, è propria della poesia: di qui la necessità di una *mente poetica* per i compilatori dei trattati che sono invece aridi. L'intermediazione del maestro - poeta lui stesso - scaturisce dalla possibilità di instaurare il dialogo violando il mondo a sé stante del sapere custodito dalla barriera dei libri.

Forse più vale per la matematica, ma Leopardi, come principio pedagogico generale, riteneva che l'insegnamento mai potesse supplire all'esperienza, pena l'assuefazione improduttiva.

Fondamentale nell'insegnamento è la chiarezza che, strano a dirsi, è requisito per lo più assente negli specialisti di una materia, i quali proprio per la profonda conoscenza si rivolgono agli addetti ai lavori; come dice Leopardi parlano e scrivono per i professori. Coloro viceversa che non sono pienamente versati in una *facoltà*, adattati all'insegnamento riescono bene perché parlano e scrivono per tutti. L'eccellenza di un maestro si misura dalla sua *comunicativa*, tenendo però presente che "l'immaginazione necessaria alla comunicativa è sempre propria dei geni anche filosofici, anche metafisici, anche matematici" (*Zib.* 374-377).

Numero e favella

Si trovano disseminate qua e là nello *Zibaldone* utili notizie sul concetto e la storia del numero.

Per Leopardi "l'uomo senza la cognizione di una favella, non può concepire l'idea di un numero determinato" (*Zib.* 361); come dire che il numero è legato alla possibilità di poterlo denominare. Non a caso si parla di "nomi numerali", la cui invenzione è stata assai difficile, una delle ultime "de' primi trovatori del linguaggio". Questo abbinamento numero-favella fa rientrare in certo qual modo la matematica nella storia della lingua consegnandola al dominio quasi esclusivo dell'uomo. In effetti, per Leopardi, l'incapacità degli animali di concepire, se non in minima parte, la quantità non discende dalla mancanza dell'elemento razionale, sì piuttosto della parola (*Zib.* 2589). E poi ancora, il fatto che la gran parte dei primi dieci numeri abbia una radice linguistica comune, pur in presenza di linguaggi assai diversi, sancisce il legame e anche un'origine unitaria della numerazione (*Zib.* 4500). La correlazione tra lingua e numero ha come conseguenza che la quantità - sia essa indeterminata o definita - è idea "quasi totalmente astratta e metafisica"; la favella stabilisce un immediato collegamento tra percezione e mente, "quando noi vediamo le cinque dita della mano, ne concepiamo subito il numero". Chi è sprovvisto dei "nomi numerali" non è invece in grado di stabilire relazioni e quindi di contare. Almeno nelle lingue primitive i nomi ordinali seguono quelli cardinali, nonostante la comune credenza del contrario. I primi infatti ineriscono a una catalogazione pratica di successione delle cose, mentre i secondi non sussistono se non nell'intelletto in quanto forme astratte: quando pure si riscontrano le quantità *in re* non si può stabilire "relazione sensibile, materiale intrinseca o propria loro". Sono riflessioni che Leopardi fa (*Zib.* 1074-1075) sulla scorta dell'*Encyclopédie méthodique* alla voce *nombre* che ritiene presa da Locke.

Il pastore primitivo e selvaggio, privo di favella potrebbe passare in rassegna il suo gregge solo attraverso accorgimenti materiali che hanno un limite assai evidente. Senza i nomi numerali le possibilità di contare arrivano al più sino a venti, "se nel romanzo di Robinson Crusoe si è avuto qualche riguardo alla verità, o al verosimile" (*Zib.* 2187). Con questa osservazione incidentale Leopardi entra nel merito della natura dell'arte, rettificando immediatamente un concet-

Incisione di Matteo Emmer, da *La Venezia Perfetta*
Centro Internazionale della Grafica, Venezia, 1993

to che lo poteva portare sul piatto documentarismo realistico; lo scarto sta nell'inventare situazioni vere.

"L'idea che l'uomo concepisce della quantità numerica è idea compostissima", e per quanto abituato alla complessità egli si troverebbe in difficoltà senza l'aiuto della favella; ad esempio, nello stabilire scambievoli relazioni tra le quantità di cui il numero è composto. Le relazioni *convenzionali* e *arbitrarie* dell'intelletto (vedi la divisione in decine e centinaia) si rivelano di estrema utilità all'atto della comunicazione; il numero altro non è che una quantità di parti, di cui si ha da trasmettere il concetto. Il vantaggio dei numeri arabi è nella *trasmissione immediata*, il che non è per le lettere greche o ebraiche che pure significano la stessa cosa (*Zib.* 1395-1398). Tra l'aritmetica e la scrittura c'è un identico meccanismo di funzionamento che si basa su un procedimento combinatorio di pochi elementi e non sulla moltiplicazione infinita degli elementi stessi che porterebbe a una fibrillazione del sistema e in definitiva alla incomunicabilità. Anzi, estendendo, una tale legge è alla base della natura e della vita umana in generale (*Zib.* 807-808).

Matematica e poesia

Il tentativo di "geometrizzare tutta la vita" messo in atto dalla rivoluzione francese è destinato a fallire pure in "questi tempi matematici", perché si tratta di un'azione contraria alla natura dell'uomo e del mondo (*Zib.* 160). Per quanto ridotti a sudditi impotenti gli uomini non arriveranno mai a trasformarsi in "schiavi moribondi" che sanzionano la loro fine (*Zib.* 3253-3254).

La pretesa della matematica che tutto vada letto alla stregua della sua esattezza e precisione arriva all'assurdo di condannare la natura per le imperfezioni che ne costituiscono l'essenza. È "la discordanza dalla natura", invece, la vera imperfezione; la matematica in quanto entra e deriva dalla ragione, come tale può essere classificata (*Zib.* 583-585). Bisogna approdare su posizioni di relativismo gnoseologico, le certezze assolute devono cedere il passo al campo delle *possibilità* in cui anche gli assiomi matematici possono subire incrinature (*Zib.* 159-160).

È proprio delle scienze procedere per paradigmi e generalizzazioni, i matematici poi godono di una *plenitudo* dell'intelligenza che li spinge sempre a cercare la dimostrazione di una scoperta già assunta come vera. "E Pitagora immolò un'Ecatombe per la trovata dimostrazione del teorema dell'ipotenusa". La molla è nell'ansia conoscitiva che spesso consente di scoprire inediti rapporti e ramificazioni (*Zib.* 1239-1240).

La coscienza del male della vita rende insopprimibile nell'uomo il desiderio del piacere, cioè il perseguimento della felicità. Detto sentimento non ha tregua, è incessante perché non riguarda il raggiungimento di questo o quel risultato, ma è aspirazione al piacere in sé e per sé. Il piacere non conosce limiti né di durata né di estensione, è un desiderio di infinito. Si capisce perché "la matematica (…) dev'essere, necessariamente, l'opposto del piacere"; essa analizza, misura, circoscrive laddove il piacere non può conoscere barriere e confini (*Zib.* 246-247). Non a caso l'immaginazione è la risorsa principale della felicità umana, perché allontana dal vero delle cose.

Nel *Discorso di un italiano intorno alla poesia romantica*, in polemica con il cavalier Di Breme, che riteneva dovessero dar lena alla fantasia, cioè alla poesia, "la vicendevole fratellanza delle scienze e delle arti, i miracoli dell'industria, (…) gli effetti dell'incivilimento", Leopardi sostiene che essi affogano e affossano l'immaginativa. "Molti e gravissimi sono i mali che ha recati il grande accrescimento della signoria dell'intelletto". Addirittura, la scienza dell'animo umano fattasi "matematica", per poco "non s'espone con angoli e cerchi e non si tratta per computi e formole numerali". I romantici hanno l'enorme responsabilità "di sviare il più possono la poesia dal commercio coi sensi" e "di farla praticare con l'intelletto e strascicarla dal visibile all'invisibile".

Il punto è questo: Leopardi rovescia la prospettiva e da buon classicista affida alla poesia il compito di redimere i limiti della ragione. L'annotazione del passo di D'Alembert tratto dall'*Eloge de M. Jean Bernoulli* gli serviva come base di riflessione, incentrato com'è sul diverso statuto della geometria e della poesia, intese rispettivamente a "découvrir des vérités" e a "exprimer et à peindre" (*Zib.* 4302-4304).

Per Leopardi "la facoltà inventiva", in forme e modi appropriati, è alla base sia dei "poemi di Omero e di Dante" che dei "Principi matematici della filosofia naturale di Newton"; l'immaginazione è "la sorgente della ragione (… e) della poesia" (*Zib.* 2133-2134).

Ci sono nella natura rapporti segreti di armonia che solo l'immaginazione può cogliere, sicché il filosofo che si nega al bello e alla poesia appare dimezzato, incapace di una visione completa. Il vero filosofo deve essere "sommo e perfetto poeta", "la ragione ha bisogno dell'immaginazione e delle illusioni ch'ella distrugge; (…) la geometria e l'algebra della poesia" (*Zib.* 1833-1839). Poiché la poesia poggia sui sensi e "la pura ragione e la matematica non hanno sensorio alcuno", "nulla di poetico poterono né potranno mai scoprire". Eppure, i grandi "indagatori del vero" "si distinsero per una vena e per un genio decisamente poetico"; Pascal alla fine della sua vita fu "quasi pazzo per la forza della fantasia" (*Zib.* 3238-3245).

La fondatezza di questa analisi trova riscontro nella situazione storica: se, nonostante le crepe intraviste, non c'è stato un superamento del sistema newtoniano, lo si deve al fatto che scienziati e fisici nella ricerca sono rimasti inchiodati alla pur doverosa analisi del particolare e dell'esperienza senza lasciarsi andare allo slancio della poesia e della immaginazione, che solo dischiude orizzonti rivoluzionari (*Zib.* 4056-4057).

Il cammino verso l'appropriazione di uno stile è arduo, comporta una dedizione *totale*: perciò Leopardi esclude gli uomini di scienza dalla possibilità di bella scrittura. Non già, si badi, gli scienziati dell'umano, cioè i filosofi, bensì "i professori di scienze matematiche o fisiche, e di quelle che tengono dell'uno e dell'altro genere insieme, o che all'uno o all'altro si avvicinano". Costoro sono assorbiti dalla *notizia positiva*, dal *calcolo*, dalla *misura* e nulla concedono alla *immaginazione*. I greci, tuttavia, che meno *sperimentavano* e più *immaginavano*, furono meno lontani dall'eleganza; eccezione tra i latini Celso, tra i moderni Buffon, non nelle parti propriamente tecniche, bensì là dove considera e discute i suoi dogmi. Quanto al nostro Galileo "lo chiami elegante chi non conosce la nostra lingua, e non ha senso dell'eleganza".

Queste considerazioni (*Zib.* 2724-2731) risultano di maggiore chiarezza se illuminate da altri passi in cui si spiega il significato di eleganza e gli ostacoli che ad essa si frappongono. Elegante è una lingua che fa un "uso peregrino e ardito e figurato e non logico, delle parole e locuzioni" (*Zib.* 2131). L'"aria indegna di tecnicismo (...) e di geometrico e di matematico (...) ischeletrisce la lingua riducendola in certo modo a angoli" (*Zib.* 48). Donde discende la perdita della grazia, che è un fatto della natura. Esiste incompatibilità tra *precisione* ed *eleganza*, che caso mai può convivere con la *purità*. Galileo "dovunque è preciso e matematico, quivi non è mai elegante, ma sempre purissimo italiano" (*Zib.* 2013).

La lingua francese per la sua *duttilità* "è buona pel matematico e per le scienze", mette le cose "sotto l'intelletto" e non "sotto i sensi", perciò è poco adatta alla poesia (*Zib.* 30). Il francese corre il rischio di "diventar lingua al tutto matematica e scientifica" per la sovrabbondanza dei *termini* rispetto alle *parole*; i primi danno la nuda e circoscritta verità delle cose, le seconde suscitano "immagini accessorie". Vanno rispettivamente a popolare i territori della scienza e della letteratura (*Zib.* 109-110).

L'imperatore della Cina

Studente universitario a Roma, Sinisgalli si trovava ad agio nel frequentare gli ambienti dell'avanguardia e specie le serate futuriste. Fu così che gli capitò di partecipare nel dicembre del 1926 alla rappresentazione di *L'empereur de Chine* di Georges Ribemont-Dessaignes[14], che si tenne nella fucina di Anton Giulio Bragaglia in Via degli Avignonesi. Era giusto la centesima manifestazione, tra gli attori lo scrittore italo-etiope Marcello Gallian.

L'empereur, scritta nel 1916 e pubblicata nel 1921, può considerarsi una tragedia dadaista prima di Dada; il clima in cui nacque fu quello di un'ala frondista del cubismo, in cui si sente liberatoria e purificatrice la strage della guerra. Nella tragedia spesso e a suo modo si parla di numeri, della loro essenza e mistero; ci sono riferimenti alla progressione geometrica e alle potenze nonché una paradossale citazione del principio di continuità di Dedekind: "Accanto a un punto c'è il posto per un altro punto. Dove sarà dunque l'ultimo punto della linea?".

Insomma, come osserva acutamente Sinisgalli, *L'empereur* partecipa del cerebralismo proprio dell'arte moderna, che si manifesta con "un gusto speciale degli scrittori a dar forma geometrica quindi rigorosa e rappresentativa, come osservava Monge, carattere algebrico e quindi logico ed astratto, a delle loro idee".

Nella scena seconda dell'atto primo, due strani figuri arrivati in una gabbia portano all'Imperatore della Cina il dono della "più gelosa scoperta" del re delle Filippine, quella del numero. Di qui si snoda un dialogo straniante, dai forti effetti caricaturali, che più stride a fronte della *serietà* con la quale i personaggi affrontano problemi e operazioni. Macabra è poi la procedura attraverso la quale il re voleva capire "come sia possibile distinguere quattro in sé da quattro fatto da due più due. E sei in sé, da sei fatto da tre più tre". Tagliava teste di sudditi e di mogli. Ha buon gioco l'imperatore a guardare dall'alto, facendo sfoggio di cultura matematica: "Tra due e tre ci sono molti altri numeri. Il loro quadrato è superiore a quattro e inferiore a nove. È un mondo misterioso e non misurabile, che serve a misurare ciò che non è misurabile". Una sensualità torbida, violenta e incestuosa che si colora di nozioni scientifiche. Dice Espher: "Non ti mollo. Fa' pure la cagna pudibonda. Il fatto che tu sia mia figlia non mi impedirà di andare a letto con te. Progressione geometrica. Concepimento alla seconda potenza. Mi sembrerà di essere tra due specchi". E altrove con linguaggio allusivo l'ago della bussola va a penetrare il cuore di Onane, "Mistero duro, levigato, impenetrabile, / Più duro di quello del numero". Nella Camera dell'Imperatore tra gli oggetti familiari accanto alla scacchiera Onane trova una tavola di logaritmi, un libro di ricette di cucina, un termometro: mai armamentario fu più simbolico e rappresentativo della natura di un personaggio.

I mutamenti del Ministro della Pace lasciano più di tutto il segno del tempo in cui l'opera fu composta: il percorso sembra addirittura rettilineo, quasi naturale. Lui che ha preparato "una pace, fatta d'ordine, di virtù e di bellezza" con un'organizzazione statale di tipo matematico e una muraglia circolare impenetrabile, si trova a cedere al vento della guerra determinata dall'invasione dei barbari. "Smetterò gli abiti della pace e indosserò quelli della guerra", dice il ministro; e cambieranno destinazione le sue competenze come si evince da questo ardimentoso proclama: "Ho studiato al Politecnico. / Conosco la matematica e la geometria, / La fisica e la chimica, e la balistica, / E la dinamica. / So leggere le carte e fare il punto, e orientarmi con bussola, / So giocare a dama e a scacchi e conosco la strategia. / Al pari della tavola pitagorica e del catechismo, sono in grado / Di recitare senza intoppi di memoria / La teoria militare".

Ha sostanzialmente ragione Sinisgalli quando parla di un "lavoro bizzarro", in cui trovi "una riflessione metafisica" accanto a una "osservazione bislacca del tutto priva di senso comune" e una "situazione ricca di poesia diviene qualche volta addirittura scurrile".

L'aritmetica del cielo

Tra mentalità barocca e indicazione di poetica futurista, con tutto il corredo di attrezzatura inerente, si muove la sensibilità matematica, numerica di Vittorio Bodini.

"I segni matematici + − × = servono a ottenere delle meravigliose sintesi e concorrono, colla loro semplicità astratta d'ingranaggi anonimi, a dare lo splendore geometrico e meccanico (...) Io creo dei veri teoremi e delle equazioni liriche, introducendo dei numeri intuitivamente scelti (...)."

Sono questi alcuni enunciati di Marinetti nel manifesto del 1914, ma già nel *manifesto tecnico* del 1912 e nelle *risposte alle obiezioni* vi erano concetti analoghi, dove appare chiaro che anche l'uso della matematica è in funzione dello smontaggio dei nessi sintattici tradizionali e della ossificazione espressiva e stilistica. In Bodini degli espedienti marinettiani c'è uso frequente nelle prose e anche qualche attestazione nelle poesie. Un solo esempio, che consente un approfondimento del discorso tratto da *La distruzione del castello sentimentale*[15]: "Risultante einsteiniana di tempo (15') + spazio (100 km) = profondo solco - aratro - fulmine - linea - direzione del mio

      ro
gi   a   re
  v
     ga notturno".

A parte la rappresentazione visiva del girovagare reso dalla disposizione grafica delle lettere-sillabe-parole in libertà, mette conto l'introduzione *poetica* del concetto di relatività scoperto da Einstein, già fruito dal fondatore del futurismo attraverso l'idea ingenua che "i chilometri e le ore non sono eguali, ma variano, per l'uomo veloce, di lunghezza e di durata".

C'è nel Bodini futurista una valorizzazione del numero e un'attenzione alle figure geometriche peculiarmente aggettivate: "la mia 4ruote", "torretta (m. 4 alt.; m. 1 diam)", "4051.a traversa", "cielo milionario di stelle", "1/5 di DINAMITE", "4 quarti di finestra", "4 ruote(rumorose)", "100.000 papaveri", "1000 sonagliere", "milioni di donne sdilinquite", "3 ore dopo", "triangolo bianco", "rettangolo chiuso", "trapezio verticale".
E c'è poi in *La prigionia del sole*[16] la rappresentazione dell'eternità su una "infinita impalpabile retta" ove allignerebbero presente passato futuro; con richiamo alla lontana della definizione di poesia nell'esordio dell'articolo *Il turibolo politico*[17]: "fissazione di un attimo di passato o di presente passato nella continuità del tempo, d'un segmento breve nell'infinità di una retta".
Già Anna Dolfi[18] ha rilevato che "i segni addizionali e una grafia visualizzata" che si trovano all'inizio della prosa *Firenze* possono con cautela comprovare una connessione "tra la Lecce futurista della giovinezza e il sud ove Bodini paventava di tornare".
A noi preme indagare per *exempla* quali risultati abbiano sortito quei primitivi stimoli di matematica futurista in chi era nato in case di calce "dicendo *a priori*" e da cui si usciva "come numeri dalla faccia di un dado"; con condizionamenti cioè di un ambiente in cui pensiero e numero costituiscono costanti antropologiche.
Segnalato un residuo di formulario matematico ("Al cinquanta per cento, amore mio, / al cinquanta per cento, fra due città (...) Ma al sessanta per cento, amore mio, / al settanta, all'ottanta, che so di te?"; "la formula di un galleggiamento / 005 per il sughero 01 per il pesce / 02 per le fabbriche le virtù le antiche operette")[19], conviene soffermarsi sulla prosa "Pitagora è uno delle nostre parti" (*La fiera letteraria*, 13 gennaio 1952), nonché sulla modulazione matematica del Bodini critico.
La prosa, per la quale Oreste Macrì ha invocato "il gusto filosofeggiante e parascientifico novecentesco", mira alla definizione del paesaggio pugliese *sub specie mathematica*: "In altri termini, un paesaggio è di solito uguale algebricamente a $x-1$. Il sottraendo è costituito dal cielo, ciò che rimane è la scena su di esso dipinta. Ora da noi la sottrazione è capovolta: $1-x$, cielo meno figura".
Sottratta la figura per la quale si suppone un coinvolgimento dell'uomo, degli eventi storici, rimane il cielo con il suo peso schiacciante che scioglie ogni legame, Logos e Numero con valore *previo*: "il cielo è la cifra, l'aritmetica"[20].
Nel campo critico Bodini si serve della concettualizzazione o simbologia matematica per suggerire il mondo altro della poesia per una misurazione dell'astratto: gli angeli di Alberti sono "le radici quadrate del mistero che circonda i nostri sogni più umani", i sostantivi in Salinas "simboli algebrici, segni di quelle altre funzioni che sono le cose"; in Aleixandre, poi, si danno "equivalenze in curve emozionali" e "perenne continuità di equazioni cosmiche". Siamo all'esercizio critico come grafia dell'invisibile.

Il balletto dei numeri

Il fantasma di Sinisgalli aleggia in questo convegno, a lui si è voluto rendere omaggio, alla sua figura leonardesca, così significativa del nostro tempo. Immagino la sua reazione: con una smorfia di naso arricciato e la stridula voce avrebbe gridato: "Ah! ve lo avevo detto io".
"Risorgerò fra tre anni / o tre secoli tra tempeste / di grandine nel mese di giugno", pronosticava convinto. Siamo ad aprile, senza grandine per fortuna. Avrebbe gioito oggi, come se la prese ieri, quando proprio a Venezia non gli fu riconosciuto il suo amore per le macchine.
Lo dico con amarezza, strana davvero questa nostra editoria. Mentre promuove scrittori che durano lo spazio di un mattino, non trova il tempo per recuperare un classico della contemporaneità; sicché presso Mondadori giace impubblicata da anni l'edizione già pronta di *Tutte le poesie* e nulla si fa per lo straordinario Sinisgalli fuori dalla letteratura. Non fosse per il culto di amici ed estimatori fedeli, penso a Peppino Appella e all'editore Avagliano, neanche il poco potremmo leggere.
Togliamo il tasto dolente. Mi piace recuperare per l'occasione uno sconosciuto "Balletto dei numeri", che appartiene a un govoniano *Quaderno dei*

sogni e delle stelle. La poesia, scritta a Montemurro il 3 novembre 1927, rientra nel novero della produzione preistorica e giovanile, oscillante tra simbolismo e crepuscolarismo di atmosfere assorte; non fa parte della raccolta *Cuore*, perché cronologicamente successiva ma soprattutto perché questo tema *matematico*, peculiarmente affrontato, esula dalle caratteristiche di quel libretto.

Il biennio 1925-27 è il periodo della frequenza dei corsi dei grandi maestri, da Castelnuovo a Severi, da Levi-Civita a Fantappié: una immersione profonda i cui effetti saranno duraturi, ma che per Sinisgalli significa già allora il tarlo di un dubbio che lo spinse a seguire piuttosto poeti e artisti, rinunciando a trovarsi tra i ragazzi di via Panisperna. Di questo processo interiore che porta Sinisgalli a temere dell'invadenza totalizzante della scienza, troviamo traccia in alcuni appunti: "C'è probabilità che in un avvenire prossimo o remoto qualche matematico folle ci venga a dimostrare che esiste per ogni ordine di idee una linea che lo limita e lo definisce".

La poesia si ritaglia uno spazio nel superamento del mero dato oggettivo, gli elementi quantitativi trapassano per valorizzare la qualità interiore dell'esperienza: "Se al mondo non esistessero i poeti tutti gli uomini sarebbero indotti a misurare l'arcobaleno, tutti gli amanti vedendo la luna sarebbero indotti a calcolare il raggio di curvatura. Le signore vedendo un fiore sarebbero spinte a cercarne la formula chimica del profumo. Gli innamorati baciandosi sarebbero incuriositi di conoscere l'indice di contatto delle curve delle loro labbra".

Alla letteratura tocca il compito di placare l'arroganza della scienza, anche attraverso la smitizzazione in chiave grottesca e caricaturale; si veda per questo il *Ritratto matematico di un mostro*: "L'epa insomma era viluppata da un sistema doppiamente infinito di linee che nell'insieme davano una certa forma di rotondità. Liscia di sì, ma prominente di infiniti spigoli infinitesimi. Il profilo era l'effetto di un ghiribizzo di qualche geometra del buon Dio, assunto al disegno delle immutabili e diverse maschere dei vivi. C'era l'arco, la spezzata, la calotta (il suo naso) e lo spigolo (il mento)".

In questo contesto va inserito il "Balletto dei numeri", che però rappresenta l'altra faccia della reazione, una poesia che ha consistenza di favola e perciò avvolta in atmosfere rarefatte, di musica e lontananza. Un po' come avviene nei versi di "Relatività": tra evocazione di mondi lontani e "la giostra fra tutte le dimensioni": "Voi lilliput piccoli invece / esseri senza perimetro / gridaste una piccola prece; / vogliamo te come il centimetro! / Misura! Altezza gaia! / Nel mio castello di vetro / ho scelto e mi servo di un metro / più alto dell'Himalaia".

L'epigrafe iniziale ("finesses qui naissent par les nombres!") e la postilla finale ("Il libro dell'Universo è scritto in lingua matematica e i caratteri sono triangoli cerchi e altre figure geometriche, senza i quali mezzi è impossibile intendere umanamente parola, senza questi è un aggirarsi invano per un oscuro labirinto") pongono il "Balletto dei numeri" sotto l'alto patronato, che rimbomba in lontananza, di due prevedibili numi, Valéry e Galileo; eppure riesce impossibile prescindere dalle *Fêtes galantes* di Verlaine per il tono e il ritmo, la *rêverie*. Questa ascendenza esce rafforzata da un acuto giudizio di Sinisgalli, che peraltro estende la filiazione del sentimento ispirativo, in una lettera del 12 novembre 1927, forse non spedita al poeta e chimico Arnaldo Beccaria: "*Il balletto dei numeri* pittoresco o funambolo, metafisico e lirico, chiuderà la serie degli Spettacoli di gala, di cui fan parte di già il Trittico dei fantasmi e Un'avventura nell'aldilà".

In uno scenario costruito artificialmente tra pareti di quarzo, festoni rossi e tende nere in arcana comunione coi defunti, tra ghirigori di musica di un clarino e trapunti sopra un'arpa, si snoda questa danza irreale che tiene inchiodato lo spettatore stupefatto: "Numeri avvinti - infilzati dal ritmo! Non hanno cuore / né anima - piccoli re / signori del Tempo - che / sanno i minuti e le ore di vita e morte - aggrappati // alle costellazioni! / Eccoli sballottolati / in ridda pazza, mentre / tutti corrono nel ventre / dei tamburrini - allacciati / da piccole vibrazioni!...".

Sinisgalli visse di questa utopia, dare un cuore e

un'anima a chi non ce l'aveva, rendere umano quello che è il frutto di un processo di astrazione. Progetto folle dirà qualcuno; ma delle follie dei poeti si nutre spesso il mondo, e ne esce tonificato. A pensarci bene, ora, il titolo del primo volumetto di poesie, *Cuore*, racchiude anche questa forte carica di complementarità, che non teme le insidie di un rigurgito neoromantico.

Note bibliografiche

[1] A. Baldini, *Italia di Bonincontro*, Sansoni, Firenze, 1940, p. 211
[2] Cfr. L. Sinisgalli, *Furor mathematicus*, Mondadori, Milano, 1950, pp. 81-82
[3] G. O. Longo, L'ordine nel caos, in *La rivista dei libri*, febbraio 1994, p. 19
[4] Un libro fondamentale in tale direzione è quello di Sebastiano Martelli, *Letteratura contaminata. Storie parole immagini tra Ottocento e Novecento*, Laveglia, Salerno, 1994
[5] R. Cantoni, *Robert Musil e la crisi dell'uomo europeo*, Cisalpino-Goliardica, Milano, 1972, p. 11
[6] G. O. Longo, La ribellione del linguaggio, in *Anima ed esattezza. Letteratura e scienza nella cultura austriaca tra Ottocento e Novecento*, a cura di R. Morello, Marietti, Casale Monferrato, 1983, p. 11
[7] C. Magris, Anima ed esattezza, in *Dietro le parole*, Garzanti, Milano, 1988, p. 243
[8] P. Zellini, Malintesi matematici, in *La rivista dei libri*, maggio 1991, p. 31
[9] M. Emmer, *La perfezione visibile. Matematica e arte*, Theoria, Roma-Napoli, 1991, p. 65
[10] C. Cases, Un ingegnere de letteratura, in *Patrie lettere*, Einaudi, Torino, 1987, pp. 41-42
[11] In *La rivista dei libri*, settembre 1991, pp. 37-40
[12] A evitare frammentazione dichiaro cumulativamente le opere di Gianfranco Contini di cui mi son servito: *Diligenza e voluttà, Ludovica Ripa di Meana interroga Gianfranco Contini*, Mondadori, Milano, 1989; *Esercizi di lettura sopra autori contemporanei con un'appendice su testi non contemporanei*, Nuova edizione aumentata di "un anno di letteratura", Einaudi, Torino, 1974; *Altri esercizi (1942-1971)*, Einaudi, Torino, 1972; *Ultimi esercizi ed elzeviri (1968-1987)*, Einaudi, Torino, 1988; *Breviario di ecdotica*, Ricciardi, Milano-Napoli, 1986
[13] M. Petrucciani, *Scienza e letteratura nel secondo novecento. La ricerca letteraria in Italia tra algebra e metafora*, Mursia, Milano, 1978, p. 76.
[14] Per la traduzione italiana si veda in *Teatro Dada*, a cura di G.R. Morteo e Ippolito Simonis, Einaudi, Torino, 1988
[15] Il testo si trova in A. L. Giannone, *Tradizione e innovazione nella poesia italiana del Novecento*, Milella, Lecce, 1983, p. 211
[16] Ivi, p. 219
[17] V. Bodini, *I fiori e le spade. Scritti civili (1931-1968)*, a cura di F. Grassi, Milella, Lecce, 1984, p. 73
[18] In *Le terre di Carlo V. Studi su Vittorio Bodini*, Congedo, Galatina, 1984, p. 395
[19] Le citazioni sono tratte da *Al cinquanta per cento* e *Madama di Tebe*, in V. Bodini, *Tutte le poesie*, a cura di O. Macrì, Mondadori, Milano, 1983, p. 116 e p. 188
[20] Secondo Luciana Martinelli "Pitagora esce dalla significazione magico-occultistica della tradizione simbolistica ed ermetica, ed assume il ruolo di inventore del calcolo, della matematica, che liquida il problema della conoscenza come il problema della verità (...)" (in *Le terre di Carlo V* cit.)

matematica e **cinema**

L'ultimo teorema di Fermat.
Il racconto di scienza del decennio

di Simon Singh

Introduzione

Tutti sanno che per i *media* la matematica è un argomento difficile da trattare - la maggior parte dei giornalisti si spaventa di fronte a questa disciplina e la maggior parte del pubblico vorrebbe guardare qualcos'altro. Tuttavia, un libro e un documentario televisivo riguardanti l'Ultimo Teorema di Fermat e la sua dimostrazione da parte di Andrew Wiles sono stati entrambi ben accolti.

La spiegazione principale di tutto ciò è che la storia dell'Ultimo Teorema è innegabilmente il più importante racconto del decennio di un fatto di scienza, con tutti gli elementi di un film hollywoodiano di successo.

C'è un genio del diciassettesimo secolo che asserisce di aver risolto un problema impossibile, ma non riferisce a nessuno la sua soluzione. Muore e lascia una nota intrigante che sfida il resto del mondo a misurarsi con la sua prova. Nei tre secoli successivi, le menti più brillanti al mondo tentano di ritrovare la risposta, ma tutti gli sforzi falliscono. Persino un premio da un milione di dollari non riesce a indurre una dimostrazione. Poi, nel 1963, un ragazzino di dieci anni si imbatte nel problema. Impavido, promette di consacrare il resto della sua vita a provare l'Ultimo Teorema. La sua ossessione resta tale per alcuni decenni fino al 1986 quando una possibile dimostrazione prende forma nella sua mente. La tiene per sé, non racconta a nessuno la sua idea e trascorre i successivi sette anni a lavorare al calcolo del secolo. Nel 1993 ne dà annuncio al mondo ed è proclamato il più grande matematico del momento. Appare alla CNN e in prima pagina sul *New York Times*. Poi viene scoperto un errore! Come il mostro Terminator, il problema prende vita e attacca il nostro eroe. Poco dopo, proprio quando ormai sembra battuto, Wiles annuncia di aver sconfitto l'Ultimo Teorema di Fermat. Il problema vecchio di secoli è risolto.

La storia contiene molti rilevanti concetti matematici, ma è il potere del racconto ciò che ha catturato il pubblico comune. La sfida per il produttore televisivo o per lo scrittore è stata quella di sfruttare la storia per convincere il pubblico che la matematica è un argomento stimolante. Entrando nel merito del documentario e del libro, spiegherò il processo della loro messa in opera, gli obiettivi di entrambi, come sono stati fatti e il loro impatto sul pubblico. Concluderò riassumendo le differenze tra i due mezzi di comunicazione.

Desidero far notare che questo articolo rappresenta la mia personale visione del lavoro di creazione del documentario e del libro, e altri creatori e autori potrebbero dissentirne.

Il documentario TV

La BBC ha un dipartimento dedicato alla creazione di programmi scientifici per lo spettatore comune. La serie che si interessa più nel dettaglio di scienza è "Horizon", più di venti ore di lunghi documentari ogni anno. Sebbene l'argomento sia la scienza, i documentari non sono tecnici, si prefiggono l'obiettivo di raggiungere un pubblico che può saperne poco o nulla di scienza e dunque hanno di necessità un taglio divulgativo.

Non appena nel 1993 la dimostrazione di Wiles fece scalpore, John Lynch, un regista televisivo della BBC, pensò che l'argomento sarebbe stato abbastanza interessante per un documentario di "Horizon". Andò a parlare con il curatore della serie e insieme cercarono di rispondere ad alcune domande del tipo:

- un racconto di matematica gioverebbe all'equi-

librio della serie?
Sì, dal momento che Horizon si è occupato pochissime volte di storie di matematica nel corso degli anni.
- Si tratta di una buona storia?
Sì. La storia umana è meravigliosa.
- Si tratta di una scoperta significativa?
Sì. È uno dei più rilevanti passi in avanti in matematica del secolo.
- Gli scienziati coinvolti sono eloquenti?
Sì. Sono disposti a raccontare con passione.
- Ci sono belle immagini?
No. Non ci sono telescopi, laboratori, missili, microscopi ecc.
- Ha una forte carica attrattiva?
No. La gente odia la matematica. Al pubblico piacciono i dinosauri e i vulcani.
- Il contenuto scientifico è comprensibile?
No. È molto difficile spiegare la dimostrazione.

Malgrado i tre "No", si decise di andare avanti con il programma. Tuttavia esisteva un vero problema: la dimostrazione di Wiles conteneva un errore! Fortunatamente nel 1994 l'errore fu corretto e nel 1995 si cominciò a lavorare al programma. Nel frattempo John Lynch era diventato curatore della serie "Horizon" ed era troppo occupato per affrontare il programma da solo. Fu così che fui invitato a lavorare con lui.

Il programma non si prefiggeva di spiegare la dimostrazione o di darne un resoconto preciso, puntava piuttosto a dare un'idea del lavoro di Wiles e a concentrarsi sulle motivazioni dei matematici. In televisione non si può spiegare qualcosa nel dettaglio perché si tratta di un mezzo lineare, vale a dire, il telespettatore ha una sola possibilità di assimilare un'idea, è impossibile rileggere una pagina come si fa con un libro. Il massimo per un regista televisivo è riuscire a spingere i telespettatori a volerne sapere di più ed entusiasmarli abbastanza da leggere un libro.

È inoltre importante notare che la televisione è un mezzo di comunicazione ad ampia e non a ristretta diffusione e l'obiettivo è quello di raggiungere il maggior numero possibile di persone. L'intento principale di un regista scientifico è quello di invogliare un pubblico di non addetti a guardare e gradire un programma su un argomento assolutamente sconosciuto.

Per raggiungere l'obiettivo, il programma fu strutturato intorno alla vicenda umana di Wiles, che avrebbe attirato molti telespettatori e avrebbe impedito loro di cambiare canale nel bel mezzo del racconto. In particolare, l'enfasi fu posta su una forte sequenza iniziale - si vedeva Wiles sopraffatto dall'emozione, e avrei sfidato chiunque a spegnere la tivù dopo aver visto una tale scena. Le spiegazioni matematiche furono ridotte al minimo e semplificate all'estremo. Il peccato peggiore per un regista è quello di confondere il pubblico, che si sentirebbe immediatamente frustrato e spegnerebbe. All'inizio l'idea era quella di introdurre una significativa parte storica nel programma, ma tale idea venne rapidamente accantonata in favore degli avvenimenti più recenti. È di gran lunga più interessante vedere Wiles e Shimura scambiarsi resoconti di prima mano sul loro lavoro piuttosto che ascoltare un anonimo narratore che parla di un matematico morto tanto tempo fa.

Ci sono voluti circa cinque mesi per completare il documentario. Il lavoro ha comportato lunghe interviste con matematici (quattro settimane), viaggi di ricerca (due settimane), preparazione della sceneggiatura (due settimane), filmati (quattro settimane), revisione e produzione (otto settimane). Non importa che ad ogni fase il programma cambiasse significativamente, con la cancellazione di molte idee scritte nella sceneggiatura (per esempio, la parte storica), e l'introduzione di alcune sequenze che prendono forma apparentemente dal nulla durante il processo di revisione. Il programma venne trasmesso per la prima volta nel gennaio 1996 su BBC 2 e catturò un milione e ottocentomila telespettatori, nella media per un episodio di "Horizon". Le reazioni di critica e spettatori furono quasi totalmente positive, con recensori che decantavano l'improbabile combinazione di matematica ed emozione. È importante notare che anche i matematici, compresi quelli coinvolti, gradirono il documentario.

Successivamente il programma è stato trasmesso in America come una parte della serie "Nova" (PBS-

WGBH), in numerose nazioni europee e sulla rete mondiale satellitare della BBC. Ha pure vinto vari premi, compreso il Premio Italia come miglior documentario.

Spero che parte del successo del programma sia dovuto alla produzione e alla direzione, ma anche l'eloquenza e la passione degli intervistati sono stati di vitale importanza, e per di più una ricca trama ha fornito una solida base da cui partire.

Il libro

L'obiettivo del libro era simile a quello del documentario. L'intenzione era quella di scrivere un libro per la persona incompetente, piuttosto che fornire un resoconto completo per l'esperto. Va anche detto che molti studiosi rispetto all'"Ultimo Teorema di Fermat" si considerano persone incompetenti: un professore di biologia può saperne proprio poco di teoria dei numeri. In altre parole, la mia ipotesi era che il mio lettore sarebbe stato intelligente e curioso, ma non un matematico.

Dopo aver lavorato in televisione per sei anni, il mio approccio alla scrittura era fortemente influenzato dal mio approccio alla creazione di programmi. Mi piaceva tenere una forte impronta narrativa, volevo creare personaggi, e volevo mantenere la spiegazione a un livello accessibile a un vasto pubblico. Nel 1997 due altri produttori televisivi della BBC avevano scritto libri divulgativi di carattere scientifico (*Mind Reading* di Sanjida O'Connell e *The Feminization of Nature* di Deborah Cadbury); dalle impressioni scambiate con loro compresi che anch'essi sentivano come il loro scritto era stato influenzato dall'esperienza di creatori di documentari.

Sebbene il retroterra televisivo abbia influenzato la scrittura, ci sono differenze significative tra il libro e il programma. Innanzitutto, il libro è composto da circa centomila termini, mentre il programma ne contiene meno di diecimila (interviste e narrazione). Con materiale dieci volte superiore, è possibile entrare maggiormente nel dettaglio e includere argomenti omessi dal programma televisivo. Per esempio, il documentario copre gli anni 1700-1900 in trenta secondi, mentre il libro

Pierre de Fermat

dedica cento pagine al medesimo periodo storico. E il libro contiene spiegazioni matematiche più approfondite rispetto a quelle del programma, e tuttavia ancora generiche se riferite a un serio testo di matematica. La storia e la matematica più ricche nel libro si completano bene l'un l'altra, perché per avere una forte prospettiva storica dell'Ultimo Teorema di Fermat si può partire con idee matematiche abbastanza elementari e su queste gradatamente procedere. Se il libro fosse stato fortemente orientato sul Novecento, allora sarebbe stato difficile dare molte spiegazioni di matematica perché i concetti sarebbero stati più complicati e saremmo riusciti a malapena ad aiutare il lettore a impadronirsi di tali concetti.

Con una parte storica così ampia, con tanti concetti matematici e con tanti begli aneddoti fra i quali scegliere, uno dei maggiori problemi è stato quello di decidere quali inserire e quali escludere.

I criteri che ho scelto per l'inclusione sono stati piuttosto rozzi. Innanzitutto, se un'idea o un aneddoto erano essenziali, allora ovviamente li inserivo. Secondariamente, idee e aneddoti venivano inclusi se interessanti e facili da spiegare; anche se i concetti non erano direttamente rilevanti ma ugualmente interessanti e facili da afferrare, ero disposto a includerli se fossi riuscito a trovare un modo per cucirli alla storia. Le idee difficili da spiegare e noiose non sarebbero state incluse.

Ho impiegato un anno a scrivere il libro, lavorando principalmente di sera e nei fine settimana. La risposta da parte dei lettori e della critica è stata simile a quella al documentario. Ancora una volta spero che ciò dipenda in parte dalla mia scrittura, anche se ammetto che Wiles e l'Ultimo Teorema di Fermat hanno costituito un irripetibile e potente racconto scientifico.

Il libro è salito al primo posto tra i *best-seller* britannici (il primo libro di matematica ad arrivare a tanto) ed è stato tra i primi dieci libri venduti in Italia. E la ragione del suo successo sta nel fatto che, mentre il libro veniva pubblicato, avevo lasciato la BBC e dunque ho avuto modo di dedicarmi alla sua promozione attraverso la scrittura di articoli, la partecipazione a interviste e intrattenimenti.

Nonostante non si debba giudicare un libro dalla sua copertina, il disegno era particolarmente accattivante e lo faceva assomigliare più a un romanzo che a un libro scientifico. Sono sicuro che ciò ha attirato la gente che altrimenti sarebbe rabbrividita al pensiero di acquistare un libro di matematica. Senza un buon editore e un reale sostegno alla vendita da parte delle librerie, il libro sarebbe passato inosservato.

Conclusione

È particolarmente difficile interessare il pubblico alla matematica, tuttavia il successo del libro e del documentario sull'Ultimo Teorema di Fermat dimostrano che se c'è un racconto interessante allora i lettori e i telespettatori possono esserne attirati. Molti passi in avanti nella matematica non potranno essere accompagnati da un tale potente dramma umano, ma vorrei consigliare coloro che tentano di divulgare la disciplina di accentuarne qualunque parte drammatica esista. Questo non significa ignorare la matematica, semplicemente abbellirne l'immagine.

Infine, penso valga la pena ripetere tre differenze basilari tra la divulgazione attraverso il mezzo televisivo e un libro.

Innanzitutto, il documentario ha raggiunto in Gran Bretagna un pubblico di milioni di telespettatori, mentre il libro è stato letto solo da decine di migliaia. Di conseguenza, per divulgare veramente la matematica la televisione è un mezzo più efficace. Secondariamente, il pubblico televisivo è molto più volubile dei lettori. Il pubblico televisivo è distaccato e non ha investito nulla nel programma, mentre i lettori sono molto più pazienti e impegnati, poiché hanno speso del denaro e hanno scelto meditatamente di leggere il libro. Questo ulteriore livello di impegno significa che un autore può sfidare e informare il lettore molto di più di quanto non possa fare con il pubblico televisivo. Infine, la lunghezza del libro permette all'autore di discutere aspetti che vengono inevitabilmente compressi nel documentario. Tuttavia, viene spesso affermato che un'immagine vale migliaia di parole, e il programma trasmette venticinque immagini al secondo per circa un'ora, l'equivalente più o meno di cento milioni di termini! L'immagine di apertura del film mostra Wiles che rievoca la sua conquista ed è sopraffatto dall'emozione: secondo me, questo prova la validità della scelta.

(traduzione di Carla B. Romanò)

matematica e **cultura e mass media**

Divulgare la matematica in un giornale?

di Umberto Bottazzini

Partiamo da una constatazione: è rarissimo vedere articoli di matematica o che hanno a che fare con la matematica sui quotidiani italiani.
In fondo, a pensarci bene, la cosa non è sorprendente. I quotidiani comunicano (o dovrebbero comunicare) notizie, fatti, commenti sui fatti. Quali sono le notizie, i "fatti" della matematica, per tacere dei commenti, che potrebbero essere ospitati nelle pagine di un quotidiano?
Nel caso di scienze come la fisica, l'astronomia o la biologia non è difficile rispondere. La scoperta di una nuova particella, i risultati di qualche esperimento che arrivano dal fondo di una miniera, come è accaduto qualche tempo fa per l'ipotetica massa del neutrino, i segnali captati da qualche remoto oggetto celeste, magari la fusione fredda o la memoria dell'acqua.
Gli esempi si potrebbero moltiplicare. Per anni la fisica è stata la scienza largamente dominante nelle pagine dei quotidiani (non solo nelle "pagine della scienza"). Più recentemente, quella posizione è stata conquistata dalla biologia, *et pour cause*. Notizie intorno alla manipolazione genetica non arrivano da distanze siderali come i neutrini e neppure hanno il sapore arcano ed esoterico di certe scoperte sulla composizione ultima della materia. La clonazione di una pecora o le gravidanze più stravaganti hanno scatenato la fantasia dei lettori ed eccitato ogni sorta di reazione nel pubblico e nei commenti degli specialisti. Non è difficile rendersi conto del perché. Quei fatti toccano (almeno sembrano toccare) molto più da vicino la vita di tutti noi. La bioetica ci riguarda più di qualsiasi particella. A partire dalle notizie, i commenti scivolano facilmente su aspetti inquietanti - il rischio di una razza di superuomini è l'argomento più ricorrente - che allarmano i lettori e provocano valanghe di lettere al giornale (generalmente di tono antiscientifico).
Esiste qualcosa del genere per la matematica?
I "fatti" della matematica sono teoremi incomprensibili ai più, sono nuove astratte teorie che, in genere, si ritiene abbiano poco interesse per il lettore. Naturalmente ci sono eccezioni, così come ci sono "mode" anche in matematica. La teoria delle catastrofi è stata una di queste (che molto deve alla felice scelta linguistica di Thom). La geometria "frattale" di Mandelbrot è stata un'altra. L'ultima in ordine di tempo è costituita dal celeberrimo "ultimo teorema di Fermat". L'annuncio della sua dimostrazione (che ha dovuto poi aspettare più di un anno per essere completata in ogni sua parte) ha avuto l'onore della prima pagina del *New York Times* e, quindi, è stata raccolta anche dai quotidiani italiani.
Ma, appunto, si tratta di eccezioni.
Per quanto non auspicabile, anche la notizia della morte di grandi matematici raggiunge di rado le pagine dei quotidiani. Lo stesso si può dire di notizie più allegre, come l'assegnazione delle medaglie Fields ogni quattro anni, al Congresso Internazionale dei Matematici. In generale, non solo il pubblico dei lettori ma anche il responsabile delle pagine scientifiche dei giornali ignora addirittura di che si tratti. Per darne notizia occorre inevitabilmente richiamare l'analogia con il premio Nobel (magari evitando le storielle apocrife circa la mancanza di un tale premio per la matematica).
Al matematico si possono al più chiedere lumi su lotto e lotterie quando la febbre del gioco aumenta nel pubblico.

Se ci si limita dunque alle notizie, ma questo è il materiale primario con cui si costruisce un gior-

Incisione di Matteo Emmer, da *La Venezia Perfetta*
Centro Internazionale della Grafica, Venezia, 1993

nale, la scarsa attenzione che i quotidiani dedicano alla matematica appare in parte giustificata.
Lo è molto meno se si pensa alle "pagine della scienza" di un quotidiano (quando esistono e non vengono soppresse con il cambio di direttore, come è accaduto recentemente per l'*Unità*). In quelle pagine articoli di contenuto matematico potrebbero essere (e talvolta in verità sono) ospitati a partire dalle motivazioni più diverse.
Ma lo è ancor meno se si pensa alla matematica come ad una parte integrante della cultura. Articoli di argomento matematico potrebbero naturalmente essere ospitati nelle "pagine della cultura" dei quotidiani. Come si fanno recensioni di romanzi, di libri di storia o di cinema, altrettanto si può fare di libri che parlano di matematica o di storia della matematica.
Da questo punto di vista, si può ragionevolmente pensare che la matematica potrebbe avere una qualche parte nello spazio che ogni quotidiano dedica alla cultura. In realtà, anche questo accade abbastanza di rado. I motivi sono diversi.
Per cominciare, bisognerebbe essere convinti della correttezza dell'assunto iniziale.
Ma quanti (anche tra i matematici!) sono convinti che la matematica sia una componente essenziale della cultura, come lo sono la letteratura, l'arte o la filosofia? Ben pochi, se si deve giudicare dalle pagine "culturali" dei nostri quotidiani.
E quanti ritengono che non possa dirsi colta una persona che ignora addirittura la matematica che si insegna al liceo (e magari se ne fa vanto)?
Occorre ricordare che la matematica che si impara al liceo scientifico è datata in generale all'inizio dell'Ottocento? È come se si ignorasse la letteratura italiana da Leopardi in poi o l'insegnamento della storia si arrestasse al Congresso di Vienna.

Il paragone può dare un'idea delle difficoltà che incontra chi scrive di matematica su un quotidiano. È possibile spiegare le cause e le conseguenze della caduta del muro di Berlino a un lettore che è rimasto ai trionfi dell'impero austroungarico o parlare di Montale a chi ancora vive tra i poeti dell'Arcadia? Fuori di metafora: è possibile divulgare la matematica dalle pagine dei quotidiani? Probabilmente no. Del resto, non è questo il loro compito. Se mai, è invece quello di convincere i lettori del valore culturale della matematica.
Più realistico è dunque riconoscere che è (forse) possibile diffondere un interesse per la matematica, la sua storia, i suoi metodi, i problemi che essa affronta, tenendo conto che il pubblico cui ci si rivolge è, in generale, privo anche dei primi rudimenti. È il pubblico della Restaurazione, per ritornare alla metafora storica.
La via praticabile sulle pagine "culturali" dei quotidiani è quella di segnalare volumi di tipo divulgativo, stimolare nel lettore la curiosità, accennare all'argomento trattato nel volume in termini abbastanza generali da essere comprensibili, cor-

rendo magari il rischio di essere (accettabilmente) poco rigorosi.

L'articolo di giornale ha dunque la funzione di creare nel lettore un interesse per la matematica, di invitare alla lettura di libri che parlino di matematica. Certo, è un obiettivo modesto. Ma sarebbe già un grande risultato se tutto ciò potesse contribuire a rendere più familiare la matematica a chi ne ha solo ricordi scolastici (e, bisogna dire, in generale non entusiasmanti). Tuttavia, anche questo modesto risultato è perseguito solo da pochi quotidiani di tiratura nazionale.

Del resto va osservato che i giornalisti "scientifici" hanno raramente una formazione di tipo matematico o un grande interesse per la divulgazione matematica, e questa loro mancanza di interesse si riflette nella scelta dei libri da segnalare ai lettori. Inoltre, accanto ad alcuni ottimi libri di divulgazione matematica - che in generale non hanno un gran successo di pubblico - ce ne sono altri (e talvolta, inspiegabilmente, quelli che hanno maggior successo editoriale) che rendono un cattivo servizio alla matematica, pieni come sono di imprecisioni se non di veri e propri errori di ogni tipo, storico e matematico. Che fare in questi casi?

La risposta non è univoca. Certo, è difficile immaginare di presentare, in un articolo di quotidiano, un'analisi puntuale di un testo che metta in evidenza imprecisioni e errori apprezzabili da un matematico. Non è la sede adatta per una critica puntuale di questo tipo per la quale esistono invece le riviste specializzate. A volte è sufficiente una generica avvertenza, con qualche esempio tra i più significativi, che possa giustificare il giudizio anche agli occhi del lettore. Altre volte, più semplicemente, si sceglie di non parlare di un volume nella speranza che il silenzio sia eloquente. E nella certezza che, almeno, non contribuisca alla diffusione del volume. È una strategia che talvolta si attua anche per volumi che non si ritengono abbastanza interessanti da segnalare ai lettori.

Infine, all'interno della comunità dei matematici, pochi sono coloro che si impegnano in attività di tipo divulgativo. L'immagine della matematica come scienza astratta e inaccessibile è cara da sempre ai matematici che, almeno fino a tempi recenti, hanno alimentato un atteggiamento elitario e prestato scarsa attenzione alla divulgazione della loro scienza, se non addirittura hanno scoraggiato questo tipo di attività. Forse nella convinzione non immotivata che è impresa difficile, o pressoché impossibile, senza ricorrere al linguaggio proprio della matematica.

Il lamento sulla "cattiva stampa" di cui gode la matematica è frequente, ma per essere più credibile andrebbe accompagnato da una riflessione critica sul (finora scarso) impegno della comunità degli stessi matematici per migliorare le cose. Per un insieme di fattori - non ultimo un vistoso e preoccupante calo di iscrizioni ai corsi di laurea in matematica - negli ultimi tempi si sono avuti, a dire il vero, alcuni segnali incoraggianti che fanno pensare a un'inversione di tendenza. Speriamo non si tratti di un falso movimento.

Ricerca matematica e divulgazione

di Simonetta Di Sieno

Divulgazione è una parola ambigua che in fondo probabilmente significa soprattutto "comunicazione": qui la intenderemo come comunicazione, in qualche forma, ai non addetti ai lavori di risultati elaborati in ambiti che diventano (o appaiono) sempre più specialistici. Fare divulgazione matematica significa allora stabilire un tramite fra il mondo necessariamente ristretto dei ricercatori d'avanguardia e quello assai più vasto di coloro che sono interessati alle conquiste matematiche nel senso più lato del termine.

Non si tratta di un'operazione banale: da una parte ricercatori di grande rilievo come Jean Dieudonné escludono che la scienza sia una cosa facile da spiegare in poche righe di giornale o in pochi minuti di trasmissione. Ritengono che la vera comunicazione venga svolta (o dovrebbe essere svolta) all'interno delle scuole e delle università e che non ci siano facili scorciatoie per comprendere appieno idee e concetti che spesso sono il prodotto di anni di studi e di ricerche. E sottolineano il carattere cumulativo che in generale si riconosce al sapere matematico e la peculiarità del linguaggio, caratterizzato da un alto livello di formalizzazione. Non è il caso in questo mio intervento, davanti a un pubblico già consapevole della specificità della questione "matematica" all'interno del problema generale della divulgazione scientifica, di sottolineare ulteriormente quanto siano reali le difficoltà che essi sollevano. Tuttavia una cosa va detta con chiarezza: dalle loro obiezioni non può prescindere chi voglia impegnarsi in un lavoro di divulgazione, in particolare se intende raccontare la matematica più recente; Gian-Carlo Rota nella postfazione a *Percorsi calcolati* (Michela Fontana, Le Mani ed., 1996) osserva che: "il 90% della buona matematica scoperta nel Novecento è rimasto privilegio esclusivo di chi si è dedicato allo studio della matematica pura per almeno dieci anni".

D'altro canto non è scontato neppure che in generale i *media* e in particolare gli operatori culturali che vi lavorano riconoscano la necessità di questa comunicazione: alcuni degli interventi a questo convegno hanno già sottolineato le difficoltà che si presentano a chi cerca spazio per parlare di matematica al pubblico dei quotidiani o della televisione.

Eppure si tratta di una questione importante sia per la comunità matematica che per la società civile. Non ho la veste per parlare dell'impegno "istituzionale" dei matematici su questo versante, ma posso parlare dell'esperienza condotta - e delle indicazioni che se ne possono trarre - da un gruppo, il P.RI.ST.EM., che nel 1991 ha fondato *Lettera Matematica Pristem*, oggi l'unico periodico presente sul mercato italiano che si ponga l'obiettivo esplicito di fare "soltanto" divulgazione matematica. La *Lettera* si è conquistata un ascolto interessato e attento che, da inizialmente un po' stupito, si è fatto ora molto partecipe (sempre più spesso ci capita di costruire articoli a partire da proposte o addirittura da testi dei nostri lettori, sempre più spesso ci capita di ospitare interventi di risposta ad articoli pubblicati su numeri precedenti). Essa dimostra che anche la matematica può essere "raccontata", sia pure pagando gli ovvi prezzi alle difficoltà dei contenuti e alla specificità del linguaggio.

Il ricercatore che prova a raccontare sulla *Lettera* la teoria delle distribuzioni o quello che va a cimentarsi con la soluzione del problema dei quattro colori e ne disegna la trama per lettori che non hanno necessariamente padronanza delle tecniche necessarie a una comprensione profonda, scommettono sul fatto che ci siano "fenomeni matematici" che possono interessare anche i non addetti ai lavori.

Alta divulgazione si chiama questa in termini tecnici, quella dedicata ai docenti dei vari ordini di scuola, ai tecnici di estrazione matematica che ormai si occupano d'altro ma che hanno mantenuto un senso di appartenenza alla comunità dei loro studi originari e che alle questioni matematiche continuano ad appassionarsi. Ed è questa divulgazione l'obiettivo che la *Lettera* si è data.

"Bella fatica!" - si potrebbe pensare - "il pubblico è ristretto, *a priori* competente e quindi interessato". Ma la questione non è così semplice, neanche a livello internazionale dove pure alcune soluzioni sono state proposte da società professionali dei matematici o da gruppi nati proprio attorno a un progetto di divulgazione. Pensate ad esempio alla "American Mathematical Society" e agli articoli e ai dibattiti che essa ospita, provoca e sostiene nei suoi *Notices*, o al gruppo che costruisce il *Mathematical Intelligencer* e che a tutti noi ha mostrato come si possa parlare a "molti" di fatti matematici non banali. Con l'unica avvertenza che "molti" non significa affatto "largo pubblico", ma indica quasi soltanto docenti e ricercatori, universitari e no.

A livello italiano non mi sembra che la situazione sia migliore: per convincersene basta osservare che nonostante in Italia ci siano almeno trentamila docenti di matematica nei vari ordini di scuola, per dire che un libro di divulgazione matematica è un successo ci si accontenta che venda millecinquecento - duemila copie: un abisso! E un abisso in cui la matematica sparisce e si cancella.

L'immagine che la pubblica opinione ha infatti della nostra disciplina dipende soprattutto dalla preparazione ricevuta a scuola, dal piacere con cui l'esperienza matematica viene ricordata o viceversa dall'ansia e dallo scoraggiamento provocati dagli insuccessi cui si è andati incontro. Cioè da situazioni nelle quali il ruolo fondamentale è proprio giocato dagli insegnanti, dalla loro maniera di intendere la disciplina e dalla loro familiarità con le sue acquisizioni più importanti e, noi siamo convinti, più recenti. Cercare di migliorare que-

sto rapporto significa anche contribuire a migliorare la qualità stessa della nostra scuola.

La *Lettera* non ha bisogno di aprire *forum* di discussione sulla necessità del superamento delle "due culture" o sull'esigenza per i docenti di ogni ordine di scuola di interagire strettamente con i colleghi di formazione culturale differente o in generale con gli esponenti del mondo della tecnica o della ricerca. La maniera stessa in cui volta a volta ogni fascicolo viene costruito sta a dimostrare che la matematica può essere e in realtà va intesa come un elemento costitutivo della cultura di questa società: nella *Lettera* si alternano infatti - in un equilibrio sempre molto delicato - articoli che cercano di presentare la ricerca matematica nel contesto storico in cui si realizza e nelle sue interazioni con le altre scienze o con la riflessione filosofica, con altri interventi più tecnici, che espongono risultati ormai consolidati o che raccontano problemi ancora aperti.

La scelta degli argomenti da trattare non è semplice anche perché non deve risultare troppo influenzata né dalle richieste che vengono dal pubblico sull'onda della novità e della moda né dagli echi delle battaglie accademiche per l'imporsi di un settore scientifico su un altro. È necessario che la rivista abbia propri, autonomi criteri di scelta, riconoscibili come tipici della comunicazione che offre. Potranno essere accettati o discussi dai lettori, ma danno unitarietà alla proposta culturale e inducono a una riflessione meno episodica. Non è senza qualche compiacimento che in questo convegno abbiamo visto riproposti proprio alcuni pezzi di Sinisgalli - quelli sulla superficie Romana di Steiner - che già avevamo portato all'attenzione dei nostri lettori come esempio di lettura "non matematica" di fatti matematici. Così come, qualche tempo fa, ci era sembrato bello trovare fra i libri più venduti in Italia un delizioso racconto di matematica di Hans Magnus Ensenberger, autore del quale avevamo già apprezzato e pubblicato una poesia sul teorema di Gödel.

Comunque, a noi piace soprattutto presentare argomenti che siano ancora oggetto degli studi di oggi, perché crediamo che entrando in contatto con chi fa ricerca sia possibile avere una percezione più chiara della ricchezza e dello sviluppo della disciplina. Troppo spesso ci si accorge che anche la persona colta pensa alla matematica come a un *corpus* definito di acquisizioni ormai cristallizzate per le quali ci si stupirebbe se venisse proposto un cambiamento e delle quali si arriva a ipotizzare il superamento dopo l'ingresso trionfale dell'informatica nella vita scientifica a tutti i livelli. Mettere i nostri lettori in grado di cogliere la presenza della matematica - e di una matematica ricca - nelle cose di tutti giorni è un'operazione che ci sembra particolarmente significativa: che ci sia della buona matematica nei lettori di *compact disc* e nella TAC o che ne serva per la riproduzione delle immagini o per lavorare sul fegato umano è un'informazione che non deve restare come un segreto autocompiacimento fra gli addetti ai lavori, ma è bene che diventi patrimonio di molti.

Tutto questo però richiede all'inizio una grossa mediazione e un grosso sforzo per raccontarlo: la matematica di questo secolo (ricordate la dichiarazione di Rota) non è facile, è - come si dice - dura. E duro di conseguenza è il compito di chi vuole "raccontarla" in maniera efficace.

Può sembrare strano questo mettere l'accento non solo sui contenuti, ma anche sulle forme con le quali essi devono essere presentati, ma a noi sembra che proprio l'aver capito che occorre questa doppia attenzione ci abbia permesso di fare un patto molto chiaro con i lettori: noi ci impegniamo ad offrirvi testi scritti bene, puliti, corretti e al maggior livello di chiarezza possibile, voi ci mettete la "testa". E oggi è incredibilmente alto, secondo i parametri comuni, il numero di persone che hanno accettato questa proposta.

Abbiamo detto che vogliamo offrire "articoli corretti". Ma come intendere questa correttezza? Non possiamo intenderla nella maniera a cui siamo abituati quando scriviamo Note scientifiche o Note erudite, ma dobbiamo commisurarla allo scopo che ci prefiggiamo. Certamente non si può presentare come definito e preciso quello che è necessariamente qualitativo e semplificato, ma pur di non imbrogliare il lettore si può - e secondo noi, si deve - provare a superare le difficoltà legate al linguaggio, alle conoscenze tecniche specialistiche necessarie ecc. e raccontare - senza banalizzazioni, per altro - ciò che sembra importante. Note corrette dunque, ma non articoli schiacciati sul particolare o sulla precisione formale: a chi è interessato esse devono fornire gli strumenti per andare avanti nello studio, ma devono essere utili anche per chi vuole soltanto essere informato. Non pezzi brutti o sciatti o banali, ma interventi che abbiano abbastanza significato da indurre il lettore a confrontarsi: una misura della buona riuscita di un articolo sta anche nel numero di lettori che lo usano, lo citano o ne propongono miglioramenti e approfondimenti.

Ricordo la preoccupazione con cui abbiamo incominciato a presentare anche articoli tecnicamente non banali: temevamo obiezioni decise. Invece abbiamo avuto le critiche costruttive di chi, rilevando la difficoltà dei contenuti, suggeriva come superarla, ma non metteva in discussione la validità dell'operazione. Dalla teoria delle iperfunzioni a quella delle ondine, dalle algebre non commutative alla proposta di soluzione della congettura di Poincaré fatta da Poénaru, la *Lettera* ha ospitato articoli difficili che sono risultati interessanti più di quanto noi stessi pensassimo.

Il crescere del numero dei lettori ci sta ora mettendo un po' in difficoltà su questo fronte: la presenza della matematica "che si fa" crea sconcerto in alcune persone e le induce a chiederci di dedicare più spazio ad articoli soltanto di commento o genericamente di informazione sul "mondo matematico". Credo che trovare un equilibrio sia urgente. Senza dimenticare, per altro, che probabilmente stiamo pagando un lungo distacco delle istituzioni che rappresentano la comunità matematica dai suoi referenti naturali, tecnici o docenti che siano, e che il desiderio di questi di sapere di più dei fatti che riguardano la disciplina, delle decisioni politiche che la coinvolgono e degli organismi che ne interpretano le istanze è un segnale di interesse da non trascurare.

Ma non intendiamo diventare un'altra cosa rispetto a quella che ci eravamo proposti d'essere: una rivista sia di informazione che di cultura matematica, il cui compito principale è quello di offrire una comunicazione dei "fatti matematici" sempre migliore. L'approccio storico alle questioni via via presentate, permettendo la contestualizzazione di ciò di cui si tratta all'interno della più generale storia delle idee, si è già rivelato particolarmente utile per raggiungere questo scopo e ha spesso reso più semplice il compito ad autori e lettori, nello stesso modo. La presenza nella redazione di storici della matematica rende possibile per il futuro una sperimentazione più determinata in questo senso, così come, per altri versi, la presenza di ricercatori che lavorano in ambiti applicativi o a stretto contatto con chi si occupa di applicazioni della matematica ci permetterà di continuare a dare spazio nella rivista alla "matematica applicata".

Come credo sia apparso chiaro da quanto abbiamo detto fin qui, un progetto di divulgazione come quello che è sotteso alla *Lettera* richiede l'intervento di molte forze, di molte competenze: ricercatori che condividano il desiderio di far partecipi altri dei risultati della loro disciplina, storici che costruiscano un quadro di riferimento abbastanza articolato per inquadrare via via i temi trattati, redattori in grado di entrare in sintonia con gli autori e quindi capaci di fare un lavoro di *editing* che - rispettando lo stile del testo - ne esalti la chiarezza e la comprensibilità, grafici capaci di cogliere i nodi centrali della comunicazione da fare e di collaborare con persone di provenienza culturale diversa e infine lettori partecipi senza rigidità di ruoli o passività preconcette, attori di questo progetto e non soltanto fruitori.

Non può dunque che essere un progetto collettivo che coinvolge una larga parte della comunità matematica e io approfitto volentieri (e con un po' di sfacciataggine!) di questo incontro per chiedere a chi di voi lo ritiene utile di darci una mano. La *Lettera* è già vissuta da molti come un luogo, senza proprietari e senza etichette, in cui chi abbia qualcosa di bello da raccontare può trovare strumenti e aiuto per farlo. Per noi della redazione mantenere questa caratteristica non è un compito facile, ma ci sembra indispensabile: altrimenti la *Lettera* corre il rischio di diventare espressione soltanto delle scelte culturali del piccolo gruppo dei suoi ispiratori, magari alla lunga gelosi della loro identità, e non riesce più ad essere crocevia di competenze e progetti anche molto diversi da quelli presenti nel gruppo redazionale.

La situazione si presenta molto favorevole adesso e ci sono tutti i motivi per essere ottimisti, ma questo non deve farci dimenticare che i risultati non sono acquisiti una volta per tutte e che l'impegno deve essere costante.

Matematica e media: errori auspicabili?

di Michele Emmer

"Non se ne può davvero più di una divulgazione matematica inesorabilmente scorretta, sempre più infarcita di inutili, pesanti, grossolani, volgari, raccapriccianti errori. Cresce il numero di libri che vorrebbero parlare di matematica in modo "leggero" - quest'anno siamo già arrivati a due, per di più tirati e venduti in migliaia di copie; per non parlare poi dei convegni divulgativi. Tutti sembrano presi dalla smania di comunicare, spiegare, diffondere. Tutti pensano di poterlo e saperlo fare, anche se non sono dei matematici. Nessuno ci chiede più permessi e autorizzazioni. E allora, noi matematici veri, che cosa ci stiamo a fare?
Bene hanno fatto prestigiose Università ad organizzare giornate di studio (e di protesta) su una comunicazione matematica (finalmente) corretta. Bene fanno i responsabili di rubriche di recensioni librarie a dedicare tutto lo spazio loro concesso a una segnalazione puntigliosa, raffinata, godibile, esatta (!) di tutti gli errori matematici che balzano subito agli occhi di chiunque decida alla fine di aprire uno di questi cosidetti libri ameni, di divulgazione matematica. È giusto inviperirsi, indignarsi, mostrare senza veli la rabbia che ci prende quando capiamo che la nostra presenza culturale di matematici viene sostanzialmente giudicata inutile.
È il momento di serrare le fila. Poco importa se ci accusano di avere riviste insopportabilmente grigie nei titoli, nella grafica, negli editoriali (per lo più assenti, peraltro, come si conviene a riviste veramente scientifiche), nei contenuti. Poco importa se le trecento copie che vendiamo dei nostri libri di divulgazione (scritti però da veri matematici) devono subire il confronto con le decine di migliaia di copie vendute da "L'ultimo teorema di Fermat" (Rizzoli) o da "Il mago dei numeri" (Einaudi). Poco importa se nessuno ci ascolta e ci legge. L'importante è che questa nostra comunicazione avvenga senza errori."

Mafalda Del Vero [1]

Certo il problema delle inesattezze e degli errori è molto serio. È fondamentale, se si fa matematica. Ma un libro come quello di Simon Singh è un libro di matematica? o il film che ha realizzato, è matematica?
Quando si scrive un romanzo, e il libro di Singh è un romanzo, quando si realizza un film, e quello di Singh lo è anche se girato in video, le questioni principali rimangono: il romanzo funziona, appassiona, interessa? Il film è vivo, interessante, ben realizzato?
Un piccolo esempio: alle volte in un film vi sono auto che percorrono le strade di una città, una città che conosciamo molto bene. Ci accorgiamo subito che nella realtà l'auto non potrebbe mai percorrere quelle strade una dietro l'altra perché si trovano in zone lontanissime della città e non vicine una all'altra come sembra dal film. Questo ci crea qualche problema per apprezzare o meno il film? Sono questi i dettagli che ci interessano?
Il cinema è "fiction", anche quando sembra il più realistico possibile. E così un romanzo. Certo che se chi scrive un romanzo o dirige un film è ben documentato è meglio; tuttavia la questione principale resta sempre: funziona il romanzo, ci appassionano i suoi personaggi, la storia ci prende?
Ebbene, sia il libro che la storia di Singh "ci prendono", ci appassionano; ci fanno capire l'emozione, la passione, l'ansia dei matematici. Vi pare poco? Ma ci sono degli errori!!!
Certo, e allora? Sarebbe come dire che il matematico quando scrive una recensione guarda solo alla

matematica e cultura e mass media

SCHERZI DA PERES

correttezza assoluta delle parole che riguardano la matematica, cogliendo così aspetti "fondamentali" (gli errori!) e trascurando un dettaglio: il grande interesse del romanzo. La recensione deve servire per dire: vedete come sono bravo, ho colto tutti gli errori. Se lo avessi scritto io non avrei fatto quegli errori; certo io non sono capace di scrivere un romanzo, ma questo che c'entra? Io faccio il matematico!

Sarebbe come chiedere che la critica di un film venga fatta solo da uno scenografo o dal tecnico del montaggio che non si preoccupano di far sapere di che cosa parla il film ma si perdono nei dettagli tecnici che interessano loro.

Non ci si rende così conto del grande servizio che un libro e un film come quello di Singh hanno fatto alla comunità matematica: hanno mostrato come una questione strettamente matematica, la dimostrazione di un famoso teorema, (che nel film - ancora più che nel libro - non viene per nulla spiegata nella sua complessità) appassioni tanti matematici. Il pianto di Wiles all'inizio del film spiega, più di tante parole, il fascino della matematica, la grande gioia dell'essere riusciti da soli a dimostrare un grande risultato. E non ha importanza se si è compreso la dimostrazione perché non è per questo che il film è stato fatto né il libro è stato scritto. I matematici provano la stessa emozione dei grandi artisti, dei grandi architetti, dei grandi scrittori. Vale la pena di capire la matematica! Se anche un solo giovane spettatore del film o lettore del libro ha deciso di studiare matematica, questo è un enorme risultato. Certo, si tratta di un racconto emozionante che contiene parole che non potranno essere comprese da tutti. Ma in qualsiasi libro su argomenti di cui non siamo specialisti, rischiamo di non capire qualche parola.

Naturalmente anch'io ho scritto la mia brava recensione del libro di Singh: "Il problema del libro di Singh è che l'autore ha voluto raccontare la storia del problema di Fermat a cominciare dalle origini della matematica! Nei primi capitoli si racconta una breve storia della matematica che ci poteva essere risparmiata; è necessariamente tirata via e vi sono affermazioni non condivisibili quando non francamente risibili. Soprattutto il tono enfatico, le grandi maiuscole, sono del tutto fuori luogo, alla luce dei capitoli finali così avvincenti e "semplici", viene il caso di dire. Inoltre quei capitoli danno quasi il senso che tutta la matematica abbia ruotato intorno al problema di Fermat e che centinaia di matematici abbiano voluto cercare di risolvere il problema e, non riuscendovi, la maggior parte di loro abbia fatto finta di disinteressarsene. Non è così: è del tutto vero che la gran parte dei matematici non aveva e non ha alcun interesse "professionale" per il teorema di Fermat; solo una parte dei matematici, quelli interessati alla teoria dei numeri e alla geometria algebrica, che non sono tutti. Ci sono anche dei piccoli errori e non sto pensando al caso di Euclide nominato direttore del dipartimento di matematica di Alessandria (non mi scandalizza affatto). Ci sono delle divagazioni sulla teoria dei nodi, buttata lì per caso senza nemmeno precisare che cosa un nodo sia, sul numero per misurare i meandri del fiume e sulle tassellazioni alla Penrose che, se non si sa già che cosa siano, certo non lo si capisce dal libro. Inoltre una maggiore accuratezza nella traduzione non avrebbe fatto male: *Partial Differential Equations*, che diventa equazioni parziali differenziali invece di equazioni alle derivate parziali (errorino sfuggito ai recensori più severi). Ma mi sento di dire che questi sono dettagli, imprecisioni che come matematici ci possono dar fastidio. Il grande merito del libro è far cogliere l'ansia e la gioia del fare matematica. Non si tratta di un libro di divulgazione di matematica, a mio parere, ma del racconto dell'avventura di un uomo; da questo punto di vista il libro è ben scritto ed emoziona davvero, perché emozionante è la storia, la storia di Wiles, ancora di più della storia del teorema di Fermat. Insomma un libro scritto da un bravo giornalista che è un pessimo storico della matematica. Ma che fa nascere l'entusiasmo per l'avventura di un matematico e può contribuire molto di più a far appassionare alla matematica di un noioso libro di storia della matematica scritto da un bravissimo matematico" [2].

È così radicata questa idea degli errori che talvolta succede che anche chi vorrebbe combattere questa ossessione dei matematici commetta lo stesso errore.

La lettera della indignata matematica già citata è servita da spunto per un articolo di Ennio Peres, che cura una rubrica fissa di giochi logici e di matematica sulla rivista *Linus*.

Scrive Peres: "Nella lettera di Mafalda del Vero c'è "del vero", però credo che, in un regime democratico, chiunque abbia il diritto di scrivere ciò che vuole senza essere obbligato a chiedere permesso agli esperti (libero di correre il rischio di fare qualche figuraccia). [Peres non ha capito che questo era lo spirito della lettera e l'ha letta come la protesta di un matematico che non vuole invasioni di campo!] (...) Tra l'altro, dato che la poca conoscenza della matematica è molto diffusa anche tra le persone che devono manipolare prodotti del genere (libri sulla matematica) i rischi di snaturarne i contenuti (per errori di stampa, di impaginazione ecc.) sono sempre molto alti (...) Da insidie del genere non sono immuni neppure i recensori di tali libri. Per esempio un settimanale per bambini che si definisce "di notizie, giochi e figuracce" (del quale non riporto il nome, per non infierire sul versante figuracce) nel parlare del sempre sopra citato "Il mago dei numeri" ha riportato tra l'altro il seguente problema preso dal libro, semplicissimo: $1 \times 1 = 1, 11 \times 11 = 22, 111 \times 111 = 2321, 1111 \times 1111 = 234321$ Avete capito? Andate avanti!!" [3].

Dopo aver verificato che i calcoli erano sbagliati (!) Peres osservava che "nessun bambino o adulto, di fronte ad un pastrocchio del genere, potrebbe avere la possibilità di capire qualcosa (e tanto meno di andare avanti!)". L'autore del piccolo articolo ero io (tra l'altro amico di Peres da anni)

e così scrivevo a Peres su *Linus*: "Il giornalino si chiama Atinù, era (perché è stato chiuso dal nuovo direttore dell'Unità la settimana scorsa, forse ti hanno letto!) e l'autore dell'articolo ero io. Su Atinù si scrive senza firmarsi. Quando ho ricevuto la copia del giornalino sono scoppiato a ridere; colui che cura l'impaginazione, ricevuto per e-mail il mio articolo, ha fatto slittare i numeri 1 scrivendo delle cose del tutto sbagliate ma in cui si capisce subito (anche un bambino) quale sia lo sbaglio. Ci ho pensato un poco e con la direttrice di Atinù (ex direttrice) avevo pensato di non far fare una *errata corrige* nel numero successivo, tanto era semplice trovare l'errore. Ma scrivere così: vi siete accorti che vi abbiamo fatto uno scherzo? La direttrice ha voluto preparare l'*errata corrige* che è uscita nel numero successivo. Ma tranquilli, Atinù ha chiuso. Peraltro è stata soppressa dopo dodici anni anche la pagina di scienza dell'Unità. Comunque grazie alla soppressione di Atinù e della pagina della scienza dell'Unità si risolveranno molti di questi problemi."

Insomma la ricerca degli errori sembra far parte del nostro (di matematici) patrimonio genetico!

Bibliografia

1. Mafalda Del Vero, *Lettera Matematica Pristem*, n. 25 (settembre 1997) p. 62
2. M. Emmer, Lo scherzo di Fermat, *L'Unità*, 3a pagina, 2/12/97
3. E. Peres, Anagrammi, tè e cioccolata, *Linus*, anno XXXIV n. 2 (395), febbraio 1998, pp. 97-98.
4. M. Emmer, Lettera alla rubrica Risponde Peres, *Linus*, anno XXXIV n. 4 (397), aprile 1998, pp. 98-99

matematica e **tecnologia**

La divina proporzione di Luca Pacioli e il suo CD-Rom

di Federico Bonelli e Franco Ghione

Luca Pacioli, il frate francescano di Borgo San Sepolcro vissuto a cavallo del XV e XVI secolo, non fu certamente un grande matematico, non diede contributi nuovi e importanti a questa disciplina. Fu invece un eccezionale professore, maestro di Leonardo da Vinci e di tanti altri che attraverso il suo insegnamento e le sue opere ritrovarono nell'armonia del pensiero matematico la chiave per interpretare il mondo. Fu forse il primo matematico europeo a capire l'importanza della stampa, strumento nuovissimo e popolare che poteva sostituire le poche e lussuose copie miniate, custodite nelle biblioteche dei principi e dei frati, con le migliaia di volumi a stampa distribuiti in tutta Europa e a disposizione delle nascenti Università e scuole cittadine.

Tra le opere di Pacioli il *De divina proportione* rappresenta forse meglio la sua ansia, come diremmo oggi, di dare alle stampe. L'opera è disomogenea, affrettata, non priva di errori e di incongruenze. Ma si arricchisce delle delicate illustrazioni di Leonardo da Vinci, del trattatello di Piero della Francesca sui solidi regolari, tradotto in volgare da Pacioli e inserito nell'opera (ahimé dimenticando di citarne l'autore). A questo già ampio materiale si aggiunge anche un criticato (dagli architetti) scritto incompiuto sull'architettura che ripropone in modo originale e divertente la centralità dell'uomo e delle sue proporzioni geometriche alla base anche di quei caratteri alfabetici (ricostruiti con riga e compasso da Pacioli) non più faticosamente scolpiti nel marmo, ma costituenti primi, "mobili", della nuova forma comunicativa.

Ritroviamo insomma, sull'onda di questi entusiasmi di fine '400, un'opera moderna, fortemente interdisciplinare, ricca di metafore e aneddoti che alleggeriscono il peso dell'argomentazione matematica.

Un'opera tradotta in tedesco e riedita a Vienna nel 1889, tradotta in spagnolo dall'editore argentino Losada nel 1946, ma mai riproposta in Italia (a dimostrazione, se fosse necessario, di quanto venga valorizzata in questo paese la nostra tradizione scientifica) se si fa eccezione dell'edizione anastatica curata dall'Istituto d'arte di Urbino nel 1969, con una tiratura di sole 265 copie (di sicuro più difficile da reperire di quella originale del 1509).

Il CD-Rom "*De divina proportione* di Luca Pacioli" realizzato dal Laboratorio Matematico Multimediale dell'Università di Roma "Tor Vergata" e edito dalla casa Hochfeiler ripropone il testo originale, restaurato elettronicamente, ma anche una nuova versione in un italiano corrente che si dilata in forma ipertestuale tra i vari argomenti che Pacioli suggerisce. Ci è parso che l'uso del mezzo elettronico potesse servire a spingerci ancora più avanti lungo la strada che ci ha indicato Pacioli: rendere popolari alcune idee matematiche importanti (la teoria dei rapporti razionali o irrazionali, costruzioni geometriche non banali ecc.) riproponendo il rigore dimostrativo euclideo che questa nuova ventata di imbarbarimento che viene dal Nord sta cancellando anche dalla scuola italiana, la sola in Europa che abbia fino ad ora mantenuto vivo l'insegnamento della geometria razionale.

La geometria solida che dovrebbe essere il punto concreto di arrivo di un primo modello teorico dello spazio fisico tridimensionale, sempre più viene sacrificata a vantaggio di concetti ritenuti più "concreti" e questo anche per la difficoltà oggettiva a rappresentare sulla lavagna bidimensionale l'idea geometrica di profondità. Il computer e la sua capacità di simulare possono essere di grande aiuto. Le costruzioni geometriche si animano sul-

matematica e **tecnologia**

Poliedro descritto da Pacioli e realizzato in legno di pero da Massimo Pontani

lo schermo luminoso, vivono in una lavagna virtuale che ora è una grande sfera trasparente, come una bolla di sapone, ora è uno spazio nero e profondo dove l'oggetto geometrico tridimensionale, nelle sue esatte proporzioni, può essere mosso con il *mouse* come se fosse realmente nelle mani dell'utente.

Il libro XIII degli *Elementi* di Euclide, quello forse più importante e conclusivo dove vengono costruiti i cinque poliedri regolari, i soli che esistano in natura, sulla base della sezione aurea e delle sue "divine" proprietà, viene riproposto oggi come allora. Come allora tentando di usare un nuovo mezzo di comunicazione: il mezzo multimediale.

Non è ovvio che questo strumento possa essere veramente utile in campo didattico, molte sono le perplessità che da più parti si levano a mitigare l'entusiastica accoglienza che il nuovo supporto ha avuto tra i nostri ministeri. La paura principale è che la sostituzione del testo scritto con il "linguaggio delle immagini" possa impoverire drasticamente i contenuti inibendo la capacità di riflessione autonoma, la possibilità di rielaborazione critica, per proprio conto e sullo stesso terreno, quello scritto, del testo che si ha di fronte. Insomma c'è il rischio che il messaggio culturale venga assorbito passivamente troppo in fretta, come difesa inconscia da un bombardamento di parole, immagini e suoni, e che altrettanto rapidamente venga obliato.

A fronte di questo restano le enormi potenzialità del computer, il suo impetuoso dilagare, la crescita imprevista e incontrollata della "rete" che consente di accedere a un'enorme quantità di materiale e di informazioni non tutte certamente da buttar via. Resta dunque aperto il problema e l'unica via per dare un contributo alla sua soluzione ci è parsa quella di produrre degli esempi o meglio dei controesempi.

Computer e didattica

In un primo momento prevale una certa insoddisfazione nell'utilizzo delle (peraltro pochissime) soluzioni didattiche prodotte per l'insegnamento della matematica con il computer in Italia e in generale nel mondo. Quella che noi consideriamo, tra le molte possibili, la lacuna più evidente risiede nell'approccio. I programmi per l'insegnamento con il computer tendono a semplificare il rapporto tra lo studente e la materia di studio, eliminando la figura dell'insegnante per sostituirlo con il "giocattolo"[1]. In questo modo il prodotto "multimediale" si sostituisce al "maestro", parodiandone attraverso l'automatizzazione la "necessità" burocratica. Lo studente deve cioè in definitiva interagire con la macchina seguendo una spiegazione passiva e rispondendo a dei quiz; il tutto ovviamente corredato nei migliori dei casi da dosi massicce di immagini e suoni. Si tratta a nostro avviso di una riproposizione tecnologica della noiosissima routine tradizionale spiegazione-valutazione, con il computer (il mezzo stupido) al posto dell'annoiato insegnante e con una serie di giochini che aiutano a passare il tempo[2].

Abbiamo tentato un approccio differente, utilizzando il computer come strumento attivo, che integra e stimola la lezione, senza insultare attraverso percorsi eccessivamente preconfezionati l'intelligenza dei suoi utilizzatori. Riteniamo infatti che il computer sia particolarmente adatto a questo tipo di utilizzo, soprattutto nell'ausilio alla didattica delle scienze esatte, proprio in virtù della sua caratteristica principale: quella di essere uno strumento di calcolo e di rappresentazione.

La nostra preoccupazione è stata quindi di preparare un supporto didattico che si integrasse nel lavoro di spiegazione del professore, che avesse una forte connotazione interdisciplinare e che si ponesse principalmente come uno strumento per la didattica.

Abbiamo parlato di interdisciplinarità, altra parola d'ordine spesso disattesa nelle produzioni multimediali del settore. Dal nostro punto di vista l'interdisciplinarità è raggiungibile nel modo più sano solo attraverso un paradigma di contestualizzazione positivo. Creare delle "unità didattiche" rigide, con una "sequenza di compiti" che l'alunno deve sapere e una lista delle abilità che deve acquisire può essere un buon sistema per formare un tecnico, un operatore di macchinari, ma non basta, è anzi dannoso, qualora si vogliano dare allo studente degli strumenti culturali.

In particolar modo la mancanza di contestualizzazione (storica e problematica) è una piaga che a nostro avviso affligge la matematica anche nella sua didattica tradizionale. Ridurre la matematica a un insieme di regole rigide, privandola delle sue radici storiche e culturali e riducendola a una collezione di formule e problemi preconfezionati, finisce per isolarla, allontanandola, dalle altre conoscenze[3]. Questo risulta fatalmente di ostacolo alla sua comprensione, rendendo complessa la memorizzazione e inducendo spesso delle idee metodologiche inconsapevoli (e sbagliate) che si propagheranno poi (in genere nella forma di confusa ignoranza) anche negli studenti universitari.

La matematica, recentemente, proprio attraverso il computer si è liberata di gran parte della necessità di essere esplorata solo analiticamente. Il computer ci permette di visualizzare, stimolando il lato intuitivo, senza dimenticare (attraverso magari la programmazione diretta della macchina) che il valore educativo della matematica è anche il metodo razionale di cui è portatrice. Essa conduce, cioè, chi la studia a sviluppare delle abilità peculiari proprio in tal senso.

Abbiamo poi utilizzato nell'affrontare temi delicati come l'algebra, la geometria euclidea (piana e solida) e la teoria dei numeri razionali e irrazionali,

Poliedro descritto da Pacioli e realizzato in legno di pero da Massimo Pontani

un contesto storico preciso, identificato con l'opera che per prima li propose tramite la stampa al grande pubblico europeo, ovvero la *De divina proportione* di Luca Pacioli e con un argomento (la sezione aurea) che per la propria contiguità con l'arte e la filosofia si prestasse bene a rompere i confini tra le discipline.

Il contesto della lezione da noi proposta è dunque definito da un'opera del Rinascimento italiano, scritta e pubblicata nel 1509 a Venezia con l'allora rivoluzionario (e nuovo) strumento della stampa. Intorno al tema della divina proporzione gravitano sinergicamente Piero della Francesca, Leonardo da Vinci e lo stesso Pacioli, contribuendo ognuno per un verso alla stesura del trattato. Il libro contiene istruzioni per il filosofo, per l'architetto, per l'artista e per lo scalpellino, nel più puro spirito pratico della rinascenza. Potrà essere stampato nell'originale (quasi un "totem", di difficile accesso per un non specialista, che servirà anche da stimolo materiale) e letto in traduzione sul computer o su carta. Il professore potrà poi divertirsi a proporre esercitazioni sulla sua base (come ad esempio quelle deducibili dalla realizzazione effettiva dei solidi platonici) o ricerche su aspetti volutamente tralasciati da Pacioli (ad esempio il rapporto con la musica).

Esamineremo più avanti i contenuti del CD dal punto di vista della storia della matematica, per ora ci basti focalizzare il differente contesto per il quale il prodotto multimediale che vi presentiamo è stato disegnato: più docenti di materie differenti posso sfruttare lo stesso (economico) materiale, per lezioni che, pur gravitando su un tema di matematica, si prestano a connettere temi disparati all'interno di una vera e propria *Weltanschauung*, (il tutto operando direttamente su un classico della materia, ovvero sulle fonti primarie).

Al dualismo allievo-lezione seppur computerizzata abbiamo quindi sostituito una dialettica più complessa, dove all'insieme delimitato delle lezioni del professore, delle letture autonome e delle esercitazioni effettuate tramite computer si somma la possibilità di farlo dall'interno della comunità elettronica.

Il CD è stato infatti costruito con il linguaggio della rete, familiare agli studenti e sempre più anche ai professori, l'HTML. Il materiale contenuto nel CD diventa così un ponte con il mondo della rete, aperto alle integrazioni autonome dei suoi utilizzatori. Integrazioni che verranno facilitate dal sito Internet di appoggio (www.mat.uniroma2.it/~pacioli) dove è possibile trovare un ulteriore servizio di aggiornamento, che dà spazio alle migliori integrazioni prodotte dagli utenti. Dal sito quest'ultimi potranno contattare altri, scambiarsi esperienze e opinioni, scaricare (o caricare) nuove schede e nuovo materiale didattico, e in genere interagire.

Nell'approccio sopra descritto, in sintesi, si riassume la nostra interpretazione del "multimediale aperto", sempre più integrato con la facilità di scambio fornita da Internet e attento al rispetto della *koiné* europea in alternativa ai modelli d'importazione.

In appendice un altro punto interessante di questa tecnologia. Oltre che non essere legata ad una particolare piattaforma informatica (ad es. Windows), essa si presta ad essere fruita attraverso computer economici, anche vecchiotti[4]. Il CD sulla divina proporzione può tuttora essere letto agevolmente su una macchina acquistata tre anni fa. Questa scelta ci è sembrata in linea con una valutazione realistica della dotazione attuale di calcolatori della scuola italiana e non ci ha costretto a sacrificare nessuno dei "pilastri paradigmatici" dell'editoria multimediale. Nel CD vi sono infatti animazioni a due e tre dimensioni, macchine calcolatrici *sui generis* realizzate in Java, immagini, suoni e voci. In più, rispetto alla scelta tradizionalmente "chiusa", c'è la possibilità per l'utente di creare delle integrazioni, di inserirle facilmente nella mappa di navigazione e di creare percorsi alternativi utilizzando il materiale fornito, apprendendo al più tecniche standard (HTML) utili al momento dell'inserimento nel mondo del lavoro e non imposte *ad hoc* da un qualsiasi piccolo realizzatore.

Può la matematica caricarsi il peso di essere "perno logico" di una didattica interdisciplinare? Una risposta potrà darcela solamente una seria sperimentazione, e sarà certamente utile anche per aggiustare il tiro in future pubblicazioni, ma noi, di fronte al suo ruolo nella storia e, in particolare, di fronte al ruolo che essa ricoprì nel nostro Rinascimento, riteniamo certamente di sì.

Caratteristiche del Cd-Rom

Riteniamo utile dare una descrizione più dettagliata delle scelte, spesso lungamente dibattute, che sono state fatte anche sul terreno più propriamente tecnico nella realizzazione del CD.

Riedizione del testo

Per la riedizione del testo integrale abbiamo provveduto innanzitutto a fotografare uno degli originali disponibili: quello conservato presso la biblioteca del Dipartimento di Matematica "Guido Castelnuovo" dell'Università di Roma "La Sapienza", e per questo ringraziamo il direttore del Dipartimento prof.ssa Pieranita Castellani e il personale della biblioteca per l'aiuto che hanno voluto darci. La fotografia dell'originale è stata eseguita dal laboratorio fotografico dell'Università di Roma "Tor Vergata" con una tecnica fotografica *ad hoc* che ne ha consentito il recupero parziale. Dalle fotografie, base per la riedizione cartacea, sono state ricavate scansioni con le quali abbiamo costituito, pagina per pagina, un "originale" restaurato.

Mentre le fotografie consentono già da sole la riproduzione in *fac-simile* del libro di Pacioli, con le pagine in versione elettronica è possibile costruire una base dati stampabile da ogni acquirente del CD. Il testo di Pacioli in italiano corrente è stato inserito per essere letto sullo schermo. L'utente interagisce così con due oggetti distinti, il libro, originale del 1509, e l'ipertesto sullo schermo. Il libro costituisce il totem, il mistero da comprendere, lontano dalla capacità di lettura del lettore medio (ma non irragiungibile) a causa del linguaggio e dell'assetto tipografico (il gotico). Dall'altra parte invece, sul suo computer e grazie allo schermo, l'utente trova gli strumenti per esplorare il contenuto del libro secondo una prospettiva associativa (seguendo la struttura della mappa) o semplicemente in modo sequenziale (capitolo dopo capitolo).

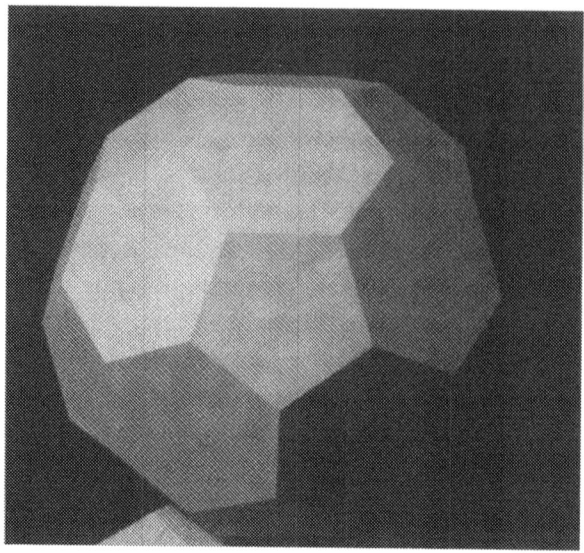

Poliedro descritto da Pacioli e realizzato in legno di pero da Massimo Pontani

Perché HTML?

Il CD-Rom è stato montato utilizzando il linguaggio HTML (Hypertext Markup Language). Ciò in base a due considerazioni di ordine tecnico e a una considerazione di ordine didattico-operativo:

1) *downgrading*: in controtendenza con la corsa verso sistemi dispendiosi in termine di risorse macchina abbiamo pensato ad un sistema di montaggio multimediale che fosse accessibile anche con le macchine meno aggiornate in termini di hardware e di software. Per questo la scelta è caduta sull'HTML 4.0. leggibile attraverso programmi di libera distribuzione, ormai integrati sempre più spesso con il computer sin dal momento dell'acquisto;

2) *portabilità*; l'HTML è il linguaggio con cui vengono costruiti siti e ipertesti in rete. Risulta leggibile attraverso appositi programmi (*browser*), molto diffusi e distribuiti gratuitamente (per es., Netscape e Internet Explorer). Un ipertesto interattivo costruito per essere letto tramite browser e diffuso attraverso CD-Rom ISO9690 può essere letto senza particolari problemi su macchine Wintel, Unix, Mac-OS ecc.;

3) *struttura aperta*: quella pensata per la scrittura sulla rete è una tecnologia per sua natura aperta e facilmente modificabile dall'utente finale. Con strumenti in fondo semplicissimi, un qualsiasi utente può personalizzare i percorsi suggeriti nel CD aggiungendo argomenti o collegamenti (anche esterni) ad altro materiale. Inoltre la distribuzione su CD, abbattendo le barriere cosiddette "di banda" consente di realizzare materiale interattivo *ad hoc* per la rete senza eccessivi limiti nella dimensione dei *file* imposti da questo genere di distribuzione e senza perdita di qualità.

Interfaccia

Il CD Pacioli è stato costruito come uno strumento didattico. Può essere utilizzato in molti modi al fine di stimolare la curiosità intellettuale e la capacità critica del lettore, in percorsi didattici sia guidati che autonomi, ma innanzitutto, contrariamente alla tendenza più in voga, non è pensato per essere "visto" ma per essere usato come uno strumento.

Il progetto grafico del CD si ispira al razionalismo rinascimentale, cercando di mantenere un rapporto armonico tra le parti che lo compongono e il loro colore. Sono state utilizzate immagini e basi cromatiche dell'epoca senza però ricercare l'effetto di "antico". Lo stesso approccio è stato mantenuto per la composizione delle musiche a corredo. La grafica è volutamente bidimensionale, anche per sottolineare il carattere di strumento che l'ipertesto si propone di avere. Uno strumento atto a capire, studiare, ricostruire e simulare più che a giocherellare e guardare. L'effetto "tondo" dovrebbe quindi realizzarsi nella testa del lettore.

Il piano dell'opera di Pacioli viene rappresentato dalla mappa, che costituisce il lato più visibile dell'interfaccia, in cui il percorso canonico del libro, capitolo per capitolo, è solo uno dei percorsi possibili. Tratta dal disegno rinascimentale dell'Orto botanico di Padova, la mappa, che ripropone il tema del cerchio e del quadrato centrale in tutta l'opera, serve a collegare la scansione degli argomenti al materiale aggiuntivo da noi scelto, destinato ad arricchirne i temi e a spiegare le relazioni degli uni con gli altri in un quadro interdisciplinare di cui l'area della matematica costituisce il centro e il raccordo esattamente come nel "nuovo" modo di pensare degli artisti-scienziati del Rinascimento.

A tal fine l'interfaccia utilizza estesamente sia Java che Javascript per simulare l'ambiente multi-finestra tipico del Finder Mac o di Windows, dove ad ogni funzione importante o argomento corrisponde una nuova finestra. Ciò al fine di rendere evidenti attraverso finestre le diverse proprietà e possibilità d'interazione che nascono dal richiamo al testo e che rimangono tutte gestibili con la massima libertà.

In particolare possiamo distinguere nell'interfaccia le seguenti parti.

- *Le schede*. Piccole monografie a carattere informativo su temi correlati a passi e argomenti incontrati nella lettura del testo. Sono pensate anche per essere stampate e lette a posteriori e con calma. Si distinguono a grandi linee per aree disciplinari (storia, storia della scienza, matematica, storia dell'arte, biografie).
- *Le note*. Veloci chiarimenti alla notazione o al linguaggio. Si aprono in finestre più piccole.
- *Lavagne*. Contengono le illustrazioni a carattere matematico statiche, ovvero che non hanno altra funzione che quella esplicativa (vedi, ad esempio, nel trattatello di Piero della Francesca).
- *Calcolatrici*. Si tratta di *applet* Java che permettono di eseguire calcoli particolari (come ad esempio il calcolo del MCD o la scomposizione in frazioni continue). Aiutano il lettore a comprendere alcuni algoritmi e forniscono strumenti efficaci per risolvere gli esercizi proposti.
- *Animazioni 2D*. Permettono di seguire in modo interattivo, tramite *applet* Java, la dimostrazione di teoremi di geometria piana.
- *Animazioni 3D*. Si dividono in due tipi:
  - costruzioni dei solidi platonici, più elaborate e dotate di colonna sonora, mostrano nell'efficacia della rappresentazione tridimensionale dinamica, la costruzione del solido geometrico;
  - inclusioni, realizzate su sfondo nero, permettono all'utente di ruotare i solidi (agendo sulla barra di controllo di un semplice filmato *quicktime*).

Note

[1] Il vantaggio di questo approccio ludico alla tecnologia è esplicitamente teorizzato, ad esempio, nel cosiddetto "documento dei saggi", discusse linee guida della futura riforma della scuola secondaria voluta dall'ex ministro Berlinguer

[2] Per una critica al concetto del "multimediale interattivo" cui facciamo riferimento vedi di Russo L., *Segmenti e Bastoncini: dove sta andando la scuola?*, Feltrinelli, Milano, 1998

[3] Alcuni prodotti didattici hanno recepito questa problematica e tentato di recuperare la mancanza di contesto, così dannosa per la motivazione e le possibilità di comprensione degli studenti, creando contesti fittizi, ad esempio riproponendo in qualche variante la formula di "Paperino e la matemagica" (un vecchio documentario Walt Disney)

[4] Si tratta della filosofia opposta a quella perseguita per ovvi motivi dalle case produttrici di *software*, che inducono sempre più all'acquisto di macchine aggiornate

matematica e **tecnologia**

Dalla lavagna al computer

di Gian Marco Todesco

Se un'immagine valesse mille parole, questa relazione sarebbe conclusa in poco meno di quattro immagini. Ovviamente, parole e immagini non sono totalmente convertibili e la presenza di entrambi i canali, verbale e figurato, rende la comunicazione molto più chiara, convincente e comprensibile. Conferenze e lezioni sono frequentemente accompagnate da immagini disegnate alla lavagna o proiettate su uno schermo e se a volte queste si limitano a sottolineare i concetti più importanti, altre volte ricoprono un ruolo assolutamente centrale. In una dimostrazione di geometria, ad esempio, la figura è il cardine attorno al quale l'argomentazione ruota; una buona figura può suggerire la chiave della dimostrazione, mentre una figura imprecisa o ambigua può indurre in errore suggerendo assunzioni arbitrarie o nascondendo simmetrie importanti. La produzione e la presentazione di immagini appropriate sono certamente elementi di grande importanza nel processo di diffusione delle idee.

Lo scopo di questo intervento è di presentare, aiutandomi con qualche esempio, una tecnica relativamente nuova per preparare e per mostrare figure. Mi riferisco alla possibilità di realizzare su *computer* un'animazione interattiva, ossia un'immagine animata che, a differenza di un filmato, può essere modificata mentre la si guarda. Nei prossimi anni questa tecnica potrebbe inserirsi nella ricca panoplia di tecniche espositive e didattiche che comprende la lavagna, il videoregistratore e i modelli solidi in gesso e metallo.

Il computer viene correntemente usato già da diversi anni per generare figure geometriche complesse. Modelli difficilmente realizzabili nella realtà sono divenuti accessibili tramite le tecniche di *computer graphics*. Oltre alle immagini singole è possibile generare animazioni; queste permettono di seguire l'evoluzione di un oggetto oppure semplicemente di osservarne la struttura tridimensionale "girandoci attorno". Per ottenere un'animazione bisogna generare uno per volta tutti i fotogrammi che la compongono. Questi fotogrammi vengono in genere registrati su nastro magnetico o su pellicola per essere proiettati in seguito su uno schermo. Se il computer riesce a generare i fotogrammi con sufficiente rapidità si può evitare la fase di registrazione producendo le immagini direttamente sullo schermo. In questo caso è possibile intervenire sull'animazione in "tempo reale", ovvero mentre quest'ultima procede. Se, per esempio, la figura presentata dipende da uno o più parametri, si può modificare il valore di questi parametri osservando immediatamente l'effetto del cambiamento oppure, se la figura è tridimensionale, si può cambiare "al volo" il punto di vista in modo da osservarla da tutte le angolazioni. Chiameremo queste animazioni "interattive" per distinguerle dai filmati.

Due fattori condizionano la possibilità di realizzare animazioni interattive. Innanzitutto la velocità dei sistemi grafici e la loro diffusione. Un computer lento può realizzare un'animazione in tempo reale solo se le immagini sono molto semplici. D'altra parte, un'animazione che abbia bisogno di un computer straordinario (e quindi difficilmente reperibile) non potrà avere una grande diffusione. Questa limitazione sta venendo letteralmente travolta da un progresso tecnologico che, grosso modo ad ogni lustro, incrementa di un ordine di grandezza la velocità dei calcolatori e abbatte il loro costo a un ritmo altrettanto veloce. Oggi è possibile generare in tempo reale su un PC domestico immagini che dieci anni fa non sarebbero state alla portata di un sistema grafico professionale. Inoltre la pervasiva presenza dei computer in quasi tutti i settori del mondo del lavoro ne facilita (e di fatto ne impone) sempre più la diffusione nelle aule scolastiche e nelle sale da conferenza.

Un secondo ostacolo alla diffusione delle "lavagne virtuali" risiede nella difficoltà a ideare e codificare l'animazione desiderata. Infatti, mentre l'utilizzo del computer come macchina da scrivere viene garantito da decine di programmi standard di facile reperibilità, la realizzazione di animazioni interattive, come quelle che descriverò nel seguito, richiede ancora un certo sforzo creativo e tecnico. D'altra parte negli ultimi anni hanno cominciato a comparire i primi programmi che permettono di utilizzare il computer come "lavagna interattiva" senza dover per questo saper programmare. Queste applicazioni si diffondono rapidamente utilizzando la rete Internet che ne facilita la distribuzione. Una tecnica recente (che discuterò nei prossimi paragrafi) permette inoltre di sviluppare alcune di queste animazioni all'interno di una normale pagina Web, rendendone quindi immediata la fruibilità a chiunque abbia un accesso ad Internet.

Vediamo meglio, con qualche esempio, che cosa significhi costruire e usare un'animazione interattiva.

Il teorema di Pitagora

Il primo esempio che prenderò in considerazione è la dimostrazione del teorema di Pitagora. Questo classico teorema della geometria euclidea è un banco di prova ideale per la nuova tecnologia didattica e, come un testo classico di letteratura, si presta agevolmente a riproposizioni, riletture e stravolgimenti. Vediamo in che modo questo teorema possa essere presentato utilizzando un'animazione interattiva.

Al posto della lavagna utilizzerò uno strumento molto diffuso oggi: un *web browser*. I *web browser* sono i programmi che vengono utilizzati per consultare le pagine del World Wide Web[1]. Buona parte dell'informazione contenuta su Internet è organizzata in pagine di questo tipo. Queste pagine possono ospitare testo e immagini, ma anche programmi scritti in un linguaggio speciale chiamato Java. I programmi scritti in Java che "vivono" dentro una pagina Web sono detti *applet* e appaiono come figure animate con cui si può interagire. Ad esempio è possibile preparare un applet che illustri la dimostrazione del teorema di Pitagora e metterlo in una pagina World Wide Web assieme al testo che descrive la stessa dimostrazione. Questa pagina potrebbe poi essere resa accessibile a chiunque abbia una connessione a Internet. Nel nostro caso ho costruito tre diversi applet che illustrano tre dimostrazioni distinte del teorema. Il primo si presenta più o meno come nella figura seguente:

Il triangolo rettangolo campeggia al centro dell'immagine. Sono visibili i due quadrati costruiti sui cateti (più scuri). Il vertice compreso fra i due cateti è contrassegnato da un piccolo punto più scuro. È possibile modificare le dimensioni del triangolo agendo con il mouse su questo punto. Quando si cambiano le dimensioni del triangolo, tutto il resto del disegno cambia in modo consistente. Questa possibilità di movimento sottolinea in maniera molto vivida gli aspetti invarianti dello schema rispetto alle modifiche della forma del triangolo e dà un'evidenza visiva al concetto che una dimostrazione debba "funzionare sempre" e non solo in un caso particolare.

Nella parte superiore della figura ci sono un segmento rettilineo e una piccola freccia che può scorrere sul segmento. Questi due elementi non fanno parte del disegno vero e proprio, ma costituiscono un dispositivo grafico che permette di controllare l'animazione. La posizione della freccia sul segmento rappresenta la fase corrente della dimostra-

matematica e tecnologia

zione. Facendo scorrere la freccia da sinistra a destra la figura si evolve dall'inizio alla fine.
All'inizio i quadrati vengono trasformati in parallelogrammi senza modificare la base né l'altezza. In ogni momento le aree delle due figure rimangono le stesse. I parallelogrammi si incontrano ad un dato istante come nella figura seguente.

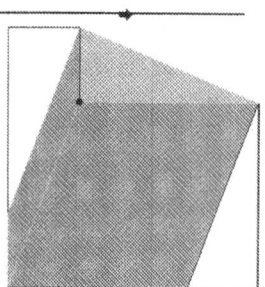

A questo punto, continuando a muovere la freccia verso destra, i due parallelogrammi cominciano a scorrere lungo il lato che hanno in comune. Come prima, le basi e le altezze rimangono le stesse. Il processo termina quando il lato in comune tocca l'ipotenusa.

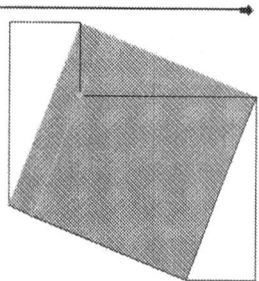

È facile dimostrare che la figura finale è un quadrato il cui lato coincide con l'ipotenusa. L'area di questo quadrato è pari alla somma delle aree dei due rettangoli che lo compongono, che a loro volta equivalgono alle aree dei due quadrati iniziali.

Q.E.D.

A dispetto del "Q.E.D." questa non è una vera dimostrazione. Molte assunzioni vanno ancora precisate e dimostrate. L'animazione, come una figura alla lavagna, non è altro che un supporto per presentare la dimostrazione vera e propria e uno stimolo a trovarla.
È interessante modificare la forma del triangolo in una fase intermedia della dimostrazione, quando ad esempio i due parallelogrammi si toccano. Anche in questo caso ogni parte della figura si modifica in modo da mantenere la coerenza dell'insieme.
Realizzato il primo applet, la codifica di un secondo ad argomento simile è molto facilitata. Una classe di studenti che stia studiando informatica potrebbe essere stimolata a costruire diverse dimostrazioni partendo dalla prima.
L'applet successivo dimostra il teorema sfruttando il principio secondo il quale le differenze di aree uguali sono anch'esse uguali. In questo caso il triangolo rettangolo è affiancato da tre repliche di se stesso.

Anche qui, muovendo il vertice evidenziato, si cambia il rapporto fra le lunghezze dei due cateti e cioè la "forma" del triangolo rettangolo. Durante la modifica la forma delle repliche cambia in modo consistente: in ogni istante i quattro triangoli sono uguali. La zona grigia al centro è il quadrato costruito sull'ipotenusa. La sua area è pari alla differenza dell'area del grande quadrato che contiene tutto lo schema e di quella dei quattro triangoli.
Agendo sulla "freccia del tempo" i quattro quadrati si muovono rigidamente come se fossero tasselli di cartoncino che vengono spostati sull'area grigia sottostante.

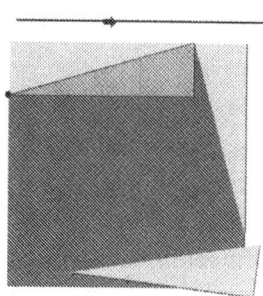

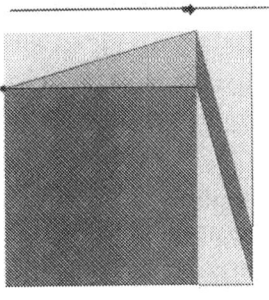

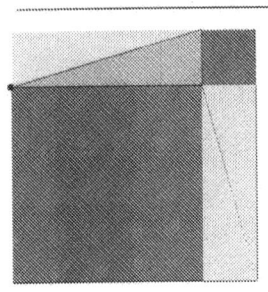

Nella configurazione finale i quattro triangoli lasciano scoperti i due quadrati costruiti sui cateti. È immediatamente evidente che la somma delle aree dei due quadrati è pari all'area del quadrato iniziale costruito sull'ipotenusa. Q.E.D.

La terza animazione scompone il quadrato costruito sul cateto maggiore in quattro pezzi e mostra come questi quattro pezzi assieme al quadrato costruito sul cateto minore possano ricomporre il quadrato costruito sull'ipotenusa.

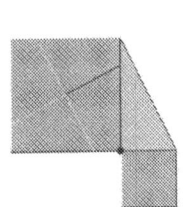

Il quadrato costruito sul cateto maggiore è diviso in quattro parti da un segmento parallelo all'ipotenusa e da uno perpendicolare.
Nel corso dell'animazione i quattro pezzi si spostano parallelamente a se stessi occupando le loro posizioni finali all'interno del quadrato costruito sull'ipotenusa.

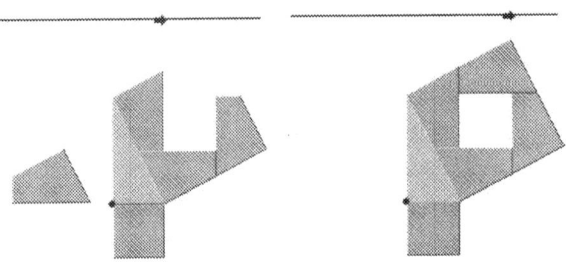

Non resta che spostare il quadrato più piccolo nella cavità lasciata dagli altri pezzi. Q.E.D.

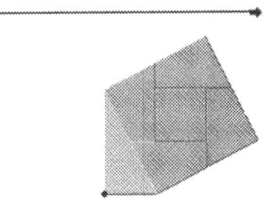

Anche in questo caso la modifica del triangolo modifica la forma di tutti i pezzi.
Il fatto che il quadrato piccolo si adatti sempre alla cavità sembra un gioco di prestigio così affascinante da costituire un forte stimolo per cercarne una dimostrazione formale. L'applet cattura l'attenzione e permette di fissare meglio lo schema nella memoria.

I cinque poliedri regolari
Spostiamoci nel campo della geometria solida. Qui le animazioni interattive possono risultare particolarmente interessanti.
In genere la rappresentazione, per esempio, di un poliedro regolare eccede le capacità di disegno alla lavagna dell'oratore medio. La comprensione della figura poggia quindi tradizionalmente sugli accurati disegni in prospettiva presenti sul libro o meglio ancora sulla manipolazione di modelli solidi costruiti in filo di ferro, gesso o legno. Il modello solido è molto più convincente, ma è laborioso da costruire; il numero di figure differenti a cui siamo interessati può essere così grande da rendere la collezione di modelli improponibilmente costosa oltre che di difficile consultazione. I disegni in prospettiva hanno lo svantaggio di es-

sere meno chiari del modello, specialmente se l'oggetto rappresentato è di una certa complessità.
Con l'ausilio del computer è possibile realizzare un disegno in prospettiva in cui il punto di vista cambia a piacere e con continuità. Con il mouse si può ruotare il modello osservandolo da qualunque angolazione. Il nostro sistema percettivo utilizza in maniera molto efficace la percezione del movimento continuo dandoci una vivida impressione di tridimensionalità: la rappresentazione prospettica di una struttura complessa diventa immediatamente più comprensibile nella sua profondità se la struttura ruota lentamente su se stessa.
Come semplice esempio di animazione tridimensionale ho pensato ad un programma che visualizza i cinque poliedri regolari: il cubo, il tetraedro, l'ottaedro, il dodecaedro e l'icosaedro. Per aumentare l'effetto di profondità ho adottato l'accortezza di cambiare il colore degli spigoli in funzione della distanza dall'osservatore. In questo modo la parte più vicina risulta più brillante di quella in secondo piano. Questo accorgimento migliora la qualità dell'immagine, ma peggiora le prestazioni rendendo problematico l'uso di un applet Java; in questo caso ho utilizzato un programma scritto in un linguaggio convenzionale (intrinsecamente più efficiente di un applet)[3].
Va osservato che questa scelta è una funzione delle prestazioni del computer che usiamo: fra pochi anni potrò fare con un applet ciò che oggi sono costretto a fare con un programma.
In questa animazione è possibile far comparire ognuno dei cinque poliedri regolari al centro di uno schermo nero. Con il mouse si può poi ruotare il poliedro attorno al suo centro per osservarlo da ogni punto di vista. È anche possibile imprimere al poliedro una rotazione continua.
Ecco come appaiono il cubo e l'icosaedro.

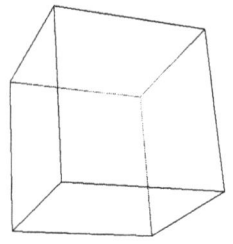 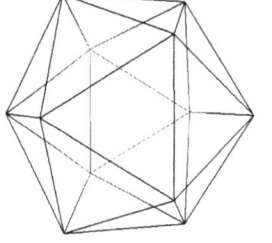

Esistono molte interessanti costruzioni che permettono di inscrivere un poliedro all'interno di un altro. Ad esempio si può inscrivere un tetraedro in un cubo selezionando quattro vertici del cubo e connettendoli fra loro, oppure si può ottenere un dodecaedro congiungendo i centri delle facce dell'icosaedro. Il programma è stato progettato proprio per illustrare queste inclusioni. Ecco tre esempi: cubo dentro dodecaedro, ottaedro dentro dodecaedro, e icosaedro dentro ottaedro.

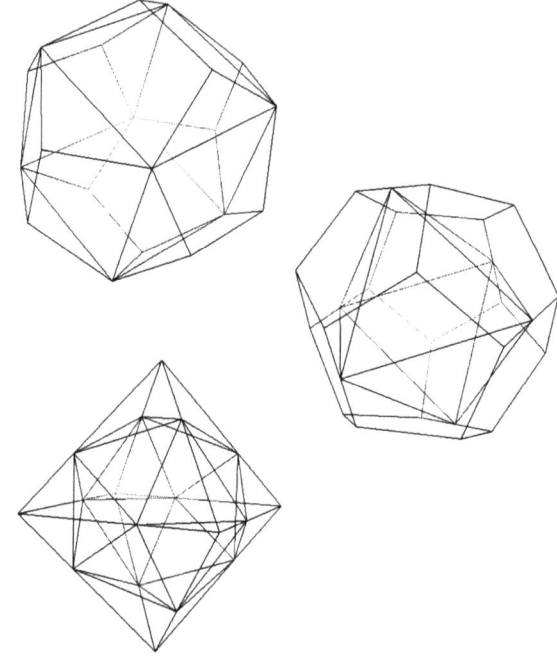

L'inclusione avviene a seguito della pressione di un tasto. Il poliedro incluso si disegna a poco a poco, a cominciare dai vertici.
Ci sono in tutto sedici inclusioni diverse. Inoltre possiamo immaginare di includere un poliedro dentro un altro che, a sua volta, è incluso dentro un terzo e così via. Il numero di configurazioni possibili è virtualmente infinito e una collezione di modelli in filo di ferro che comprendesse tutte quelle significative sarebbe improponibile. (Peraltro la bellezza di un modello reale tridimensionale resta decisamente superiore.)
Nella figura seguente c'è una semplice configurazione ricorsiva: congiungendo i centri delle facce di un cubo otteniamo un ottaedro, congiungendo i centri delle facce di quest'ultimo otteniamo di nuovo un cubo e così via.

matematica e tecnologia

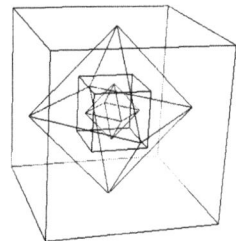

Un altro esempio più complesso è il seguente: individuando dodici punti sugli spigoli di un ottaedro ottengo i vertici di un icosaedro, e selezionando i centri di otto delle venti facce dell'icosaedro ottengo i vertici di un cubo.

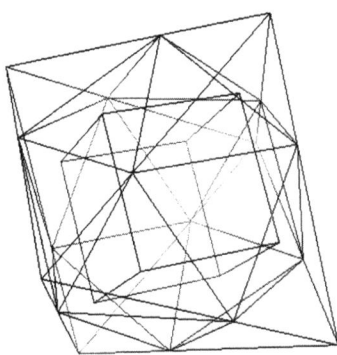

In questo caso è evidente come l'immagine statica sia più povera di quella in movimento. Nell'animazione i tre poliedri si distinguono in maniera molto più chiara.
Vorrei comunque segnalare che stanno cominciando a diffondersi dei dispositivi video che permettono la visualizzazione di immagini stereoscopiche e quindi intrinsecamente tridimensionali.

Topologia ricreativa

L'animazione di superfici curve non rigide è un'applicazione particolarmente importante delle animazioni interattive. Infatti il disegno alla lavagna è fatalmente inaccurato e i modelli reali (in plastica, legno o gesso) in genere non si prestano a deformazioni.
Un'animazione precalcolata (non interattiva) presuppone un particolare punto di vista (o un preciso insieme di punti di vista se la "telecamera virtuale" è anch'essa animata) e quindi non può evitare di lasciare nascoste alcune parti di una figura complessa. L'animazione interattiva permette di osservare la deformazione in tutte le sue fasi e da tutte le direzioni. La disponibilità di animazioni di questo tipo oltre a facilitare l'esposizione può, alla lunga, migliorare la nostra capacità di visualizzare mentalmente le trasformazioni non rigide. La nostra capacità di visualizzazione mentale si forma molto probabilmente sulla base dell'esperienza. Poiché manipoliamo prevalentemente solidi è ragionevole aspettarci un'eccellente capacità di visualizzare mentalmente oggetti rigidi.
Ad esempio, se immaginiamo una spirale che si avvolge in senso orario, riusciamo a ruotarla mentalmente di 180° per capire se, vista dall'altro lato, si avvolge ancora in senso orario oppure no. Una volta visualizzata, la risposta appare incontrovertibile come se avessimo fatto l'esperimento nella realtà.
È più difficile manipolare mentalmente oggetti semirigidi, come un guanto di gomma. Immaginiamo che sia sagomato in modo da essere chiaramente un guanto destro e supponiamo di rovesciarlo dentro fuori. Il risultato avrà chiaramente la forma di una mano, ma quale: la destra o la sinistra? Anche qui un esperimento mentale ci può convincere senza bisogno di fare una spedizione in cucina.
Il prossimo esempio è molto più difficile dei primi due e non a caso comporta una deformazione così drastica da essere irrealizzabile nella realtà. Manipolazioni del genere sono però molto utili per capire le proprietà topologiche di una figura.
La topologia è una branca della matematica che studia le proprietà di un oggetto che rimangono invariate sotto una deformazione continua. Due superfici si dicono topologicamente equivalenti se è possibile deformare in maniera continua, senza strappi o incollature, una delle due superfici in modo da renderla sovrapponibile all'altra. Ad esempio, la superficie di una tazzina da caffè (con il consueto manico bucato) è topologicamente equivalente ad una ciambella. A volte l'equivalenza è così sorprendente che si presenta come un vero e proprio rompicapo.
Nella figura seguente si vedono due superfici

matematica e tecnologia

toroidali intrecciate fra loro.
La superficie più chiara presenta due "manici" attraverso i quali passa la superficie più scura.

Supponiamo che queste superfici non possano compenetrarsi, e che siano quindi "incatenate". Possono essere deformate a piacere, ma senza strappi o incollature. Ci si domanda se sia possibile liberare uno dei due manici della superficie chiara. Vale a dire se la figura precedente sia equivalente a questa.

A differenza da quanto si potrebbe pensare in un primo momento, la risposta a questa domanda è affermativa. È possibile rappresentare l'intera trasformazione sullo schermo di un computer. Il programma che genera l'animazione permette in ogni istante di cambiare il punto di vista in modo che sia possibile osservare le due superfici da ogni direzione. Inoltre la trasformazione può essere fatta evolvere avanti e indietro, fermandosi in tutti i punti in cui qualcosa non è chiaro; in quei punti si può cambiare ancora il punto di vista e poi andare avanti.

Seguiamo la trasformazione nelle sue fasi: prima accorciamo il "tubo" che collega i due manici fino ad ottenere una specie di incrocio a quattro tubi.

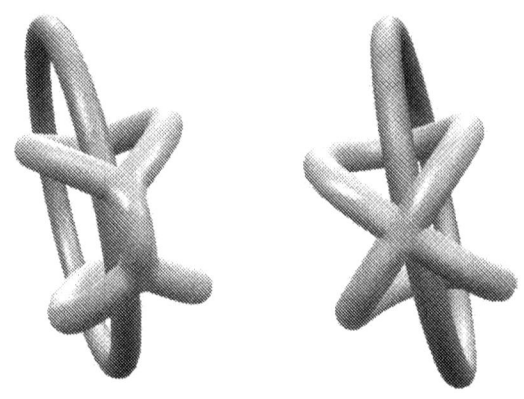

Adesso allarghiamo l'incrocio nell'altra direzione formando un nuovo tubo che si allunga orizzontalmente.

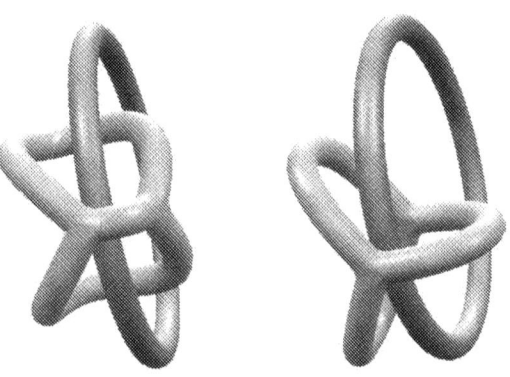

In questa configurazione la superficie chiara si presenta in maniera piacevolmente simmetrica: è formata da due incroci a tre tubi collegati fra loro. Siamo arrivati a questa configurazione allungando progressivamente uno dei tre tubi. Adesso cominciamo ad accorciare uno degli altri due tubi.

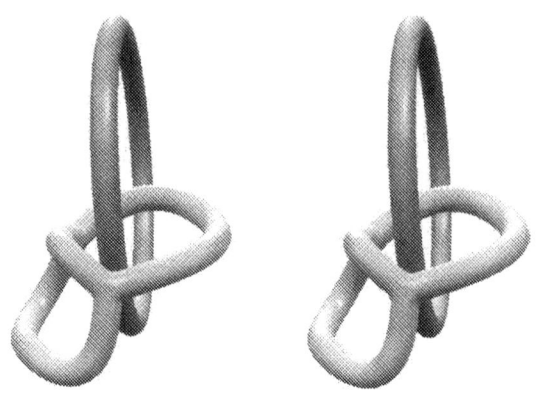

matematica e **tecnologia**

E qui abbiamo di nuovo una configurazione con l'incrocio a quattro tubi. Siamo tornati in una situazione molto simile a quella di partenza, salvo il fatto che uno dei due manici si è liberato. Adesso dobbiamo allungare l'incrocio a quattro tubi creando un nuovo tubo che unisce i due manici.

E questa è la configurazione finale.

Conclusioni

È possibile utilizzare il computer come una lavagna animata. Questa tecnica mi sembra particolarmente adatta per presentare teoremi di geometria o per visualizzare delle figure geometriche complesse. Sia l'hardware che il software necessario per produrre queste animazioni stanno diventando sempre più facilmente reperibili. Nonostante ciò, l'effettivo utilizzo di questa tecnica, oggi in Italia, è meno che sporadico ed è relativamente poco diffusa anche la sola comprensione teorica delle reali possibilità offerte. Si è sviluppata, invece, una corrente di acritico entusiasmo da parte degli amanti di ogni novità. Questo atteggiamento, a volte, non presuppone una reale comprensione dell'argomento e si contraddistingue per l'uso frequente, e spesso improprio, di una serie di parole magiche come *virtuale, multimediale, interattivo* ecc. Una corrente antagonista si schiera invece contro l'adozione delle tecniche informatiche. Anche in questo caso, l'analisi critica del nuovo strumento è velata da una vivace emotività: i detrattori, in taluni casi, si limitano a denunciare il pericolo di un'atrofia cerebrale che deriverebbe in maniera quasi automatica dall'utilizzo del computer. Nel frattempo prevale l'utilizzo dello strumento nuovo come semplice estensione o pura riproposizione del vecchio: il computer viene utilizzato nei seminari, ma essenzialmente come lavagna luminosa.

Sarebbe invece molto importante cercare di utilizzare questo strumento in maniera specifica, valorizzandone i punti di forza e studiandone le limitazioni. In questa fase prototipale, un'attività costruttivamente critica può avere una concreta influenza sullo sviluppo di una tecnica che mi sembra ricca di potenzialità.

Elenco dei siti

Questo è un elenco, parzialissimo, di indirizzi Internet correlati a vario titolo con le animazioni interattive.

http://www.cut-the-knot.com/

http://www.cut-the-knot.com/pythagoras/index.html
Un sito che si propone di promuovere l'amore per la matematica (o almeno di contrastare la paura per la medesima). Contiene fra l'altro più di venti prove diverse del teorema di Pitagora.

http://www.math.ubc.ca/~cass/courses/java/m308/pythagoras.html
Altre dimostrazioni del teorema di Pitagora che usano *applet* Java.

http://aleph0.clarku.edu/~djoyce/java/elements/elements.html
Gli Elementi di Euclide. È presente il testo completo tradotto in inglese. È un esempio di libro

on line in cui le figure sono animate. Quasi per ogni figura è possibile modificare i parametri liberi.

http://forum.swarthmore.edu/dynamic/geometry_turned_on/
Da *The Math Forum*. Contiene il riferimento (e la prefazione) ad un libro che parla dell'utilizzo di animazioni nell'insegnamento della geometria.

http://www.keypress.com/sketchpad/java_gsp/gallery.html
Sketchpad è uno dei programmi che implementano la "lavagna virtuale". Alcuni esempi di utilizzo vengono presentati tramite *applet* Java.

http://www.geom.umn.edu/
Il *Geometry Center* (University of Minnesota). Fra le altre attività del centro c'è la realizzazione di numerose animazioni (non interattive) di argomento matematico.

Note

[1] World Wide Web letteralmente significa "ragnatela diffusa su tutto il mondo". È un modo di organizzare le informazioni in pagine che contengono testo, immagini e legami ad altre pagine correlate (la rete delle pagine collegate costituisce la "ragnatela"). È stato inventato al CERN e ha contribuito in maniera determinante allo sviluppo di Internet degli ultimi anni

[2] Molte persone si dichiarano stupite al vedere il quadrato costruito "dalla parte sbagliata". Questa è un'interessante prova di quanto le figure condizionino il nostro modo di pensare

[3] Java è un linguaggio interpretato. Il computer deve tradurre il programma in un formato interno mentre lo esegue. Le prestazioni sono intrinsecamente inferiori a quelle di un programma compilato, in cui la traduzione è già stata eseguita. D'altro canto un programma Java può girare praticamente su qualunque computer, mentre un programma compilato è vincolato a una specifica architettura

matematica e **tecnologia**

Matematica, tecnologie, rete

di Michele Emmer

«In una dimensione un Punto in movimento non generava una linea con due punti terminali? In tre Dimensioni, un Quadrato non generava - e questo mio occhio non l'ha forse contemplato - quell'essere benedetto, un Cubo, con otto Punti terminali? E in Quattro Dimensioni, un cubo in movimento non darà origine - ahimé per l'Analogia e ahimé per il Progresso della verità se così non fosse - non darà origine, dicevo, il movimento di un cubo divino, a un organismo più divino con sedici Punti terminali? E perciò non ne segue, necessariamente, che il rampollo più divino del divino Cubo nella terra delle Quattro Dimensioni dovrà essere delimitato da otto cubi: e non è anche questo, come il mio Signore mi ha insegnato a credere, in stretto accordo con l'Analogia?»

E.A. Abbott, *Flatland*, copertina originale, 1884

Questo dialogo è tratto dal racconto *Flatlandia*, pubblicato nel 1884, scritto da un teologo ed insegnante di matematica, l'inglese Edwin Abbott Abbott[1]. Chi parla è il protagonista della storia, il Quadrato, l'interlocutore è la Divina Sfera a tre dimensioni che è scesa nel paese del Quadrato, Flatlandia, il mondo piatto a due sole dimensioni, per fargli scoprire lo spazio a tre dimensioni. Il Quadrato si entusiasma a tal punto alla scoperta da arrivare a pensare non solo allo spazio a tre dimensioni ma a quello a quattro, a pensare cioè al Divino Cubo in Quattro Dimensioni.

Abbott era interessato al dibattito in atto tra i matematici del suo tempo sull'esistenza di un solo Spazio, e quindi di una sola Geometria dello Spazio (come per tanti secoli era stata la geometria Euclidea), o invece di tanti spazi e di tante geometrie da scegliersi a seconda dei problemi da trattare. Nel libro di Abbott, pieno di illustrazioni dell'autore, non compare alcun disegno di oggetti geometrici a quattro dimensioni, disegni già comparsi in diversi articoli scientifici dell'epoca. Restava quindi un sogno quello del Quadrato di vedere gli oggetti geometrici a quattro dimensioni.

«Il quadrato: "Che cosa c'è, dunque, di più facile che condurre ora il suo servo in una seconda spedizione, questa volta verso la beata regione delle Quattro Dimensioni, donde ancora una volta mi chinerò con lui su questa terra delle Tre Dimensioni, e vedrò l'interno di ogni cosa tridimensionale, i segreti della terra solida, i tesori delle miniere di Spacelandia e le viscere di ogni creatura solida vivente, anche delle nobili e venerabili Sfere?"
Sfera: "Ma dov'è questa terra delle Quattro Dimensioni?"
Io: "Io non lo so: ma senza dubbio il mio maestro lo sa."

Sfera: "No. Un paese simile non esiste. La sola idea che possa esistere è assolutamente inconcepibile."
Io: "Non è inconcepibile per me, mio Signore, e perciò ancor meno inconcepibile per il mio Maestro. No, non dispero che anche qui, in questa regione delle Tre Dimensioni, l'arte della Signoria vostra possa rendermi visibile la Quarta Dimensione proprio come nella Terra delle Due Dimensioni l'ingegno del mio Maestro ha saputo aprire gli occhi del suo cieco servo alla presenza invisibile di una Terza Dimensione, benché io non la vedessi."

"Se sono in errore chiedo venia - dice il quadrato sempre rivolto alla sfera - e non cercherò più la quarta Dimensione; ma se sono nel giusto, il mio Signore ascolterà la voce della ragione. E una volta colà, vorremo arrestare il corso della nostra ascesa? In quella beata regione a Quattro Dimensioni, indugeremo forse sulla soglia della Quinta, e non vi entreremo? Ah, no... cedendo all'assalto del nostro intelletto, le porte della Sesta dimensione si spalancheranno; e dopo quella una Settima, e quindi un'Ottava...».

Non così pensava la Sfera; era Lei ad aver spiegato con l'analogia il passaggio dalla seconda alla terza dimensione, ma si opponeva strenuamente al fatto che lo stesso ragionamento potesse essere applicato per arrivare a immaginare dimensioni più alte. All'epoca della pubblicazione del libro di Abbott, aveva già fatto la sua comparsa nella letteratura matematica quella che si può chiamare la *Geometria della Quarta Dimensione*, anche se è difficile individuare una data precisa in cui nasce uno specifico interesse per questo aspetto della geometria. Nel libro di Abbott, fa la sua prima comparsa ufficiale nella letteratura il cubo a quattro dimensioni o ipercubo; il racconto, ricco di illustrazioni, non comprende però alcun disegno del Divino Cubo.

I matematici si erano posti il problema di rappresentare visivamente il Divino Cubo a quattro dimensioni e gli altri solidi regolari a quattro dimensioni. Chi per primo studiò e determinò i sei solidi regolari dello spazio a quattro dimensioni fu Ludwig Schläfli (1814-1895). Il suo lavoro non fu per nulla apprezzato all'epoca e quasi tutti i suoi lavori non vennero accettati per la pubblicazione. Solo sei anni dopo la sua morte, nel 1901, fu pubblicata la *Theorie der vielfachen Kontinuität*[2] in cui Schläfli trattava della geometria a n dimensioni e in particolare dei solidi a quattro dimensioni (che egli chiamava Polyschem).

Alcuni estratti di quest'opera erano stati pubblicati in inglese e francese nel 1855 e 1858 ma passarono del tutto inosservati. È questo il motivo per il quale molti ritengono che sia stato W.I. Stringham il primo a determinare le figure regolari dello spazio a quattro dimensioni nell'articolo *Regular Figures in n-dimensional Space*[3] pubblicato quasi trent'anni dopo i lavori di Schläfli.

Il lavoro di Stringham ottenne un incontestabile successo. Tra il 1900 e il 1910 le diverse nozioni sulla quarta dimensione, sviluppatesi nel secolo precedente, si diffusero sempre più, anche al di fuori della cerchia degli studiosi.

Questo fenomeno si è maggiormente diffuso negli Stati Uniti, ove una grande quantità di riviste popolari ha fornito ampio spazio per discutere della novità. L'interesse ebbe il suo culmine nel 1909 quando lo *Scientific American* sponsorizzò the *Best explanation of the fourth dimension*, ricevendo duecentoquarantacinque contributi da tutto il mondo[4]. La quarta dimensione fu interpretata da tutti i partecipanti come un fenomeno puramente spaziale; non venne mai menzionato il tempo come quarta dimensione. Tra le immagini dell'ipercubo pubblicate, quelle di H.P. Manning del 1914 di-

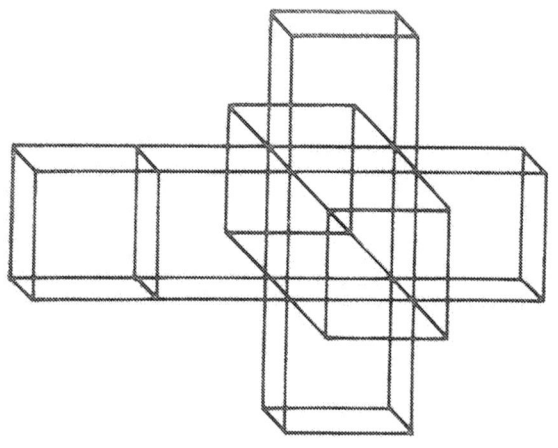

H.P. Manning, *Ipercubo*, 1914

vennero molto note anche al di fuori della cerchia dei matematici[5]. Rappresentano due delle possibili proiezioni dell'ipercubo nello spazio a tre dimensioni.

Cartoni animati matematici

Alla fine degli anni Sessanta un esperto di computer, Michael Noll, elabora un programma per animare un ipercubo. Si trattava di utilizzare la tecnica delle diverse possibili proiezioni di un cubo a quattro dimensioni nello spazio a tre dimensioni, e di stampare in sequenza le diverse immagini: la tecnica dei cartoni animati. Eravamo molto vicini alla realizzazione del sogno del Quadrato.

L'idea viene ripresa qualche anno dopo da Thomas Banchoff e Charles Strauss alla Brown University a Providence, negli Stati Uniti. Vengono realizzati i primi film di superfici geometriche in evoluzione nello spazio utilizzando la tecnica dell'animazione computerizzata. In particolare nel 1976 il film *Hypercube: projecting and slicing* realizza il primo dei sogni del Quadrato. Nel film si ha una sequenza continua delle diverse proiezioni dell'ipercubo: è possibile cioè vedere l'ipercubo muoversi nello spazio. Se dell'oggetto geometrico ipercubo molto già si conosceva, la possibilità di avere sullo schermo di un computer l'oggetto in movimento permette per la prima volta di investigarne le proprietà sperimentando in modo non dissimile dalle altre scienze.

Il computer diventa uno strumento che permette esperimenti matematici che aprono prospettive del tutto nuove. Uno dei capitoli del volume di P.J. Davis e R. Hersh *The Mathematical Experience*[6] era intitolato: "Perché mi devo fidare del computer?" Davis e Hersh mettono in evidenza che: "nella matematica applicata, il computer serve per calcolare una risposta approssimata, quando la teoria non è in grado di darne una esatta (...) Ma in nessun modo la teoria viene a dipendere dal computer per le sue conclusioni; al contrario, i due metodi, teorico e algoritmico, sono come due punti di vista indipendenti dello stesso oggetto; il problema è di coordinarli (...) La matematica rigorosa della dimostrazione resta inalterata (...) Nella

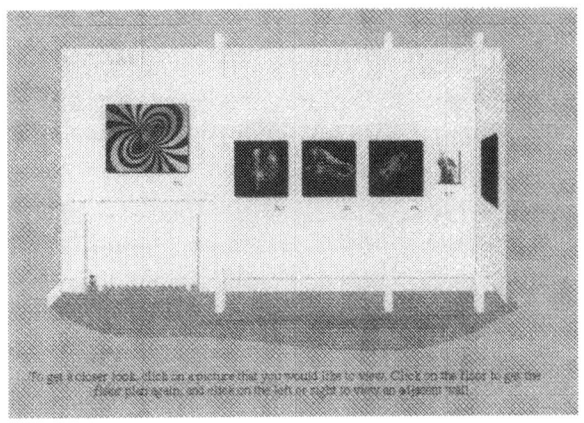

T. Banchoff, immagine dal sito WEB

dimostrazione del teorema dei quattro colori da parte di Haken e Appel la situazione è completamente differente. Essi presentano il loro lavoro come definitivo, completo, come una dimostrazione rigorosa. Una parte essenziale della dimostrazione consisteva in calcoli con il computer. Cioè a dire, la dimostrazione pubblicata conteneva programmi per il computer nonché i risultati numerici così ottenuti utilizzando i programmi. I passi intermedi dell'esecuzione dei programmi non erano pubblicati. In questo senso le dimostrazioni pubblicate erano teoricamente e definitivamente incomplete".

Qualche anno dopo, nel film *Hypersphere*, Thomas Banchoff con altri colleghi della Brown University realizzano il secondo sogno del Quadrato: veder muoversi nello spazio la Divina Sfera a Quattro Dimensioni. Una sequenza del film di Banchoff è divenuta la scena finale del mio film *Flatlandia*[7]. David e Hersh avevano in mente i calcolatori superveloci dell'epoca e la possibilità di eseguire migliaia di calcoli in un tempo breve. Thomas Banchoff e Charles Strauss ebbero l'idea di utilizzare la *computer graphics animation* per investigare visivamente le proprietà geometriche e topologiche di superfici tri e quadridimensionali. Questo uso dei computer in matematica era nuovo. Diventava possibile costruire una superficie su un terminale video e quindi muoverla e trasformarla per studiarne meglio le proprietà. Oltre che agire come aiuto all'intuizione, i computer diventavano strumenti essenziali per la costruzioni di modelli. La grande potenzialità della *computer graphics* come mezzo nuovo di investigazione venne riconosciuto dai matematici subito dopo che le nuove tecnologie divennero disponibili. A mano a mano che strumenti e programmi informatici si facevano più sofisticati, di pari passo aumentavano la profondità e la rilevanza delle applicazioni della *computer graphics* ai problemi matematici.

Visual Mathematics

Dopo i primi tentativi degli anni Settanta vi è stato un notevole incremento dell'uso della *computer graphics* in matematica; il che ha comportato lo sviluppo di un settore specifico della matematica che possiamo chiamare *Visual Mathematics*[8]. Non si tratta soltanto, come si potrebbe pensare, di rendere visibili, cioè di visualizzare, fenomeni ben noti tramite strumenti grafici, ma piuttosto di utilizzare strumenti visivi per riuscire a farsi un'idea di problemi ancora aperti nella ricerca matematica. Il computer come un vero e proprio strumento per sperimentare e formulare congetture.

MSRI, immagine dal sito WEB

Negli ultimi anni sono avvenuti molti cambiamenti nel settore della visualizzazione matematica. Nel maggio 1988 si tenne un convegno presso il *Mathematical Sciences Research Institute* (MSRI) dell'Università di California a Berkeley. Tema della conferenza erano la Geometria Differenziale, il Calcolo delle Variazioni e la *Computer Graphics*. Vi partecipavano geometri e matematici applicati, insieme con esperti dei diversi settori della *computer graphics*. Gran parte delle conferenze erano dedicate alle immagini, con particolare riguardo a quelle ottenute con tecniche di *computer graphics animation*, tecniche che hanno reso possibile ottenere alcuni nuovi risultati in matematica. I matematici partecipanti al convegno erano in grado di fornire una prova formale dell'esistenza, dal punto di vista matematico, di alcune, ma non di tutte, le immagini che venivano mostrate[9].

L'anno precedente era stato avviato il *Geometry Supercomputer Project* presso l'Università del Minnesota a Minneapolis. Le prime immagini ottenute dai ricercatori coinvolti nel progetto vennero mostrate al convegno del MSRI. È interessante notare che i matematici che non erano in condizioni di mostrare né diapositive né videocassette né software si scusavano con i partecipanti promettendo di essere in grado di produrre immagini per il convegno successivo.

Un risultato importante del convegno di Berkeley fu la pubblicazione nell'estate 1992 di una nuova rivista scientifica dal titolo molto significativo *Experimental Mathematics*. Alcuni dei membri del comitato editoriale erano tra i partecipanti al *Geometry Project*; le stesse persone erano tra gli organizzatori del convegno a Berkeley. Anche se è chiaro che la definizione di matematica sperimentale include non solo l'uso di tecniche informatiche ma anche il sistema tradizionale di ottenere risultati matematici con carta e penna, non vi è dubbio che la motivazione della nascita della nuova rivista era dovuta alla modifica del modo di lavorare di un numero significativo di matematici grazie all'utilizzo delle tecnologie legate alla *computer graphics*.

Nell'ottobre 1992 si è tenuto sempre al MSRI di Berkeley un secondo convegno. Il tema era la

matematica e tecnologia

Visualizzazione di Strutture Geometriche. Mentre solo il 30% dei matematici che avevano presentato una relazione al convegno del 1988 avevano mostrato immagini, non è apparso per nulla sorprendente il fatto che nessuno di coloro che hanno parlato al convegno del 1992 (con l'eccezione del direttore del MSRI, William P. Thurston) abbia utilizzato solo gesso e lavagna. In tutte le conferenze veniva usata una *workstation* che permetteva di mostrare in tempo reale i risultati grafici ottenuti nello studio di determinati problemi geometrici. Naturalmente non era possibile fornire una dimostrazione analitica di tutte le soluzioni grafiche ottenute.

Il ricorso alle nuove tecniche visive e alle simulazioni sta modificando il mestiere di matematico, tanto che sulla rivista *Scientific American* è apparso un articolo intitolato *The Death of Proof*. Scrive l'autore dell'articolo[10]: "Il calcolatore sta costringendo i matematici a riconsiderare la natura stessa della dimostrazione, e quindi della verità. Per ottenere certe dimostrazioni, negli ultimi anni si sono dovute eseguire masse enormi di calcoli, sicché nessun essere umano può verificare queste cosiddette dimostrazioni al calcolatore; solo altri calcolatori sono in grado di farlo. Di recente alcuni ricercatori hanno proposto una dimostrazione al calcolatore che fornisce solo la probabilità, e non la certezza della verità, il che per alcuni matematici è una vera e propria incongruenza. Altri ancora stanno preparando *dimostrazioni video* nella speranza che siano più convincenti di pagine e pagine di formule".

Va immediatamente precisato che l'autore dell'articolo stava pensando ad alcuni determinati problemi matematici e ad alcuni settori in cui le video dimostrazioni potevano essere utili.

Nella stessa pagina era riportata l'opinione di Andrew J. Wiles (il matematico che ha dimostrato l'*Ultimo Teorema di Fermat*[11]), il quale afferma di non credere che si darà la pena di imparare a fare ricerca con il calcolatore: "è un'abilità a parte e se si investe tanto tempo in un'abilità a parte, è probabile che ci si lasci sviare dal vero lavoro sul problema". In ogni caso è indubbio che in questi ultimi anni il calcolatore grafico ha consentito di dimostrare risultati per nulla banali in matematica.

Nell'articolo dello *Scientific American* sono citati tra gli altri Jean Taylor, della Rutgers University e del "Geometry Center" di Minneapolis, molto nota per aver dimostrato nel 1976 la validità delle leggi di Plateau per la geometria della bolle di sapone, e David Hoffman del MSRI di Berkeley.

David Hoffman con William Meeks III, utilizzando le equazioni trovate da un matematico brasiliano, Costa, è stato in grado di dimostrare l'esistenza di una classe di superfici minime di tipo topologico comunque elevato, superfici minime con buchi, non ottenibili quindi con le lamine saponate. Il metodo da loro usato consiste nello studiare visivamente, sul terminale video di un elaboratore, le superfici costruite a partire dalle equazioni di Costa per cercare di capire quale ne sia la struttura; dallo studio delle immagini i due matematici sono riusciti a cogliere alcune simmetrie delle figure che vedevano e da questa osservazione sono stati in grado di dimostrare analiticamente l'esistenza delle soluzioni[12].

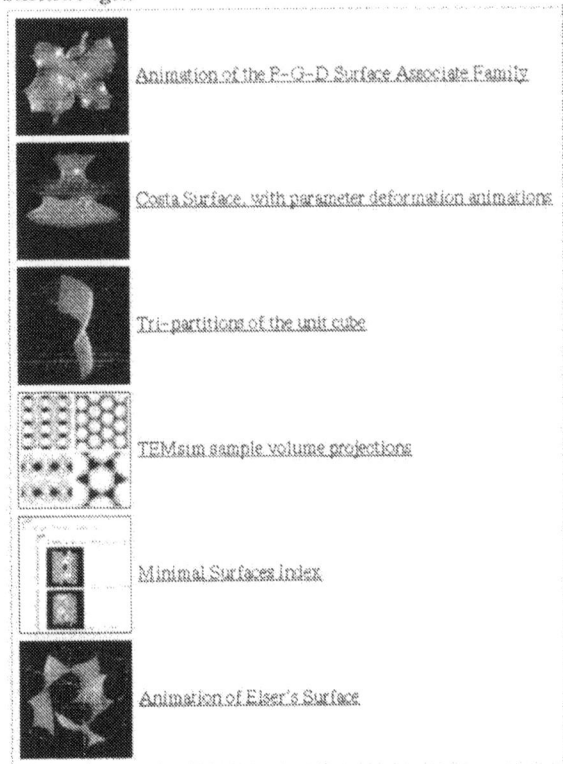

Immagine dal sito WEB delle superfici minime di D. Hoffmann

matematica e **tecnologia**

Il "Geometry Center"

Un altro settore in cui il ruolo della visualizzazione si è rivelato essenziale è stato quello dei sistemi dinamici non lineari, cioè, per semplificare, i fenomeni che possono rientrare sotto il nome di teoria del caos. In molti di questi fenomeni non è possibile ottenere una soluzione esplicita del problema e quindi una delle idee possibili è quella di utilizzare un calcolatore per studiare il comportamento qualitativo delle soluzioni pur senza conoscerle esplicitamente.

Una delle cose più interessanti messa in evidenza dallo studio con calcolatori grafici è l'enorme complessità che può essere contenuta in una equazione dall'apparenza molto semplice. Uno dei casi che ha avuto grande eco è stata la scoperta (o invenzione, il dibattito è sempre molto aperto tra i matematici) dell'insieme di Mandelbrot, una scoperta che non sarebbe stata possibile senza il ricorso a un computer grafico.

Il *Geometry Supercomputer Project* nasceva nel 1987 con l'intento di mettere a disposizione dei migliori matematici del mondo grandi calcolatori con elevate capacità grafiche per risolvere problemi di rilevante interesse. Nell'ambito del *Geometry Project* sono stati realizzati tra gli altri due film in animazione computerizzata: *Not Knot*, in cui sono studiati gli spazi complementari di un nodo, e

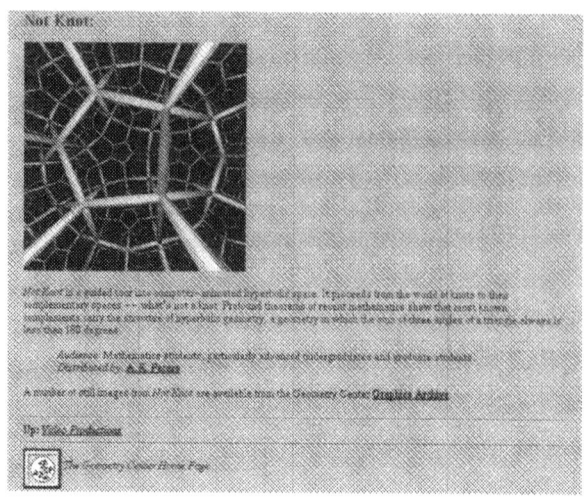

The Geometry Center, presentazione del video *Not Knot*

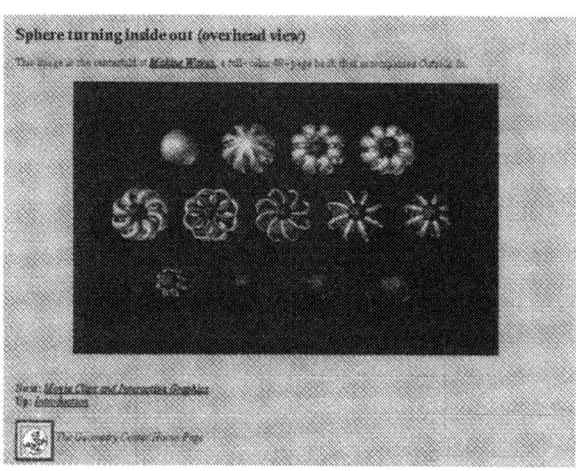

The Geometry Center, presentazione del video *Outside In*

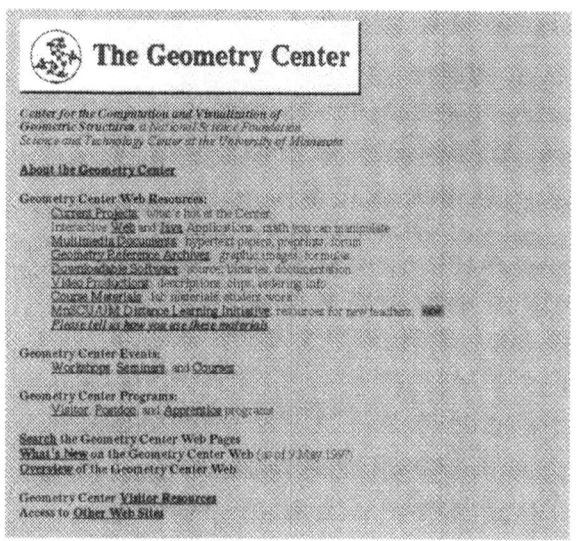

The Geometry Center, immagine dal sito WEB

Outside In, sul rovesciamento di una sfera da dentro a fuori; i film sono stati realizzati da un gruppo di matematici e informatici[13]. Jeff Weeks ha realizzato, sempre nell'ambito del *Geometry Project*, il video *The Shape of Space*[14].

Il "Geometry Center" è stato chiuso nell'agosto del 1998. Il sito WEB resterà ancora attivo per qualche tempo. Molti di coloro che hanno contribuito alla sua realizzazione si sono spostati in altri luoghi, dal MSRI a Berkeley, al NCSA ad Urbana, alla Università Tecnica di Berlino, dove opera Konrad Polthier.

Nel 1995 si è tenuto a Berlino un workshop internazionale su *Visualization and Mathematics* organizzato da Hans-Christian Hege e Konrad Polthier. Del convegno sono stati pubblicati gli Atti nel 1997[15].

Nel 1997 si è tenuto un nuovo *workshop*, sempre a Berlino sullo stesso tema[16]. Durante il congresso mondiale di matematica che si è tenuto a Berlino nel 1998 una sezione è stata dedicata ad un festival del cinema matematico. È stato indetto un concorso per i migliori video di matematica realizzati nel mondo. Sono stati selezionati venti filmati con i quali è stato montato un video che è stato presentato con grande successo al congresso di Berlino; il video è distribuito in tutto il mondo dalla Springer, che sta anche realizzando una collana di video di matematica[17]. Ha vinto il primo premio del festival il video del Geometry Center *Outside In*[13].

Qualche osservazione

Siamo probabilmente agli inizi di una sempre maggiore diffusione delle immagini create dai matematici. La cosa interessante è che molte di queste immagini hanno anche interessato gli artisti. In alcuni casi artisti e matematici hanno collaborato, quando i matematici si sono improvvisati loro stessi artisti (vedi il caso del volume *La bellezza dei frattali* di Sauper e Richter[18], o di *Symmetry in Chaos* di Goulobistsky e Field[19]). Se il problema dei matematici è capire se una dimostrazione visiva sia corretta o meno, se una simulazione è plausibile o meno, il compito di coloro che si occupano di arte diventa sempre più complicato. Se l'utilizzazione di computer visivi fa nascere nuove sfide per i matematici, allo stesso tempo la *computer graphics* potrebbe essere il nuovo linguaggio unificante tra arte e scienza. Vale la pena sottolineare come al convegno tenutosi nel 1988 a Berkeley venne l'idea di pubblicare un volume scritto (e illustrato) da matematici e artisti che cercasse di fare il punto e indicasse le direzioni possibili di una nuova futura collaborazione tra artisti e matematici. Il volume, intitolato *The Visual Mind: Art and Mathematics*, è stato pubblicato alla fine del 1993 (MIT Press, Boston[20]). È in fase di ideazione un nuovo volume.

Note bibliografiche

[1] E.A. Abbott, *Flatlandia*, Milano, 1966; si veda anche M. Emmer *Flatland*, video in animazione, 22 minuti, Roma, 1994

[2] Ludwig Schläfli, *Denkschriften der Schweizerischen naturforschended Gesellschaft*, 38 (1901), pp. 1-237

[3] W.I. Stringham, Regular Figures in n-Dimensional Space, *American Journal of Mathematics*, vol. 3 (1880)

[4] L.H. Henderson, *The Fourth Dimension and non-Euclidean Geometry in Modern Art*, Princeton University Press, Princeton (1983). Il volume è un ampio studio sui rapporti tra i movimenti artistici agli inizi del secolo e i matematici. Si vedano anche M. Emmer, *La perfezione visibile*, Theoria, Roma, 1993; M. Emmer, *Dimensioni*, video, realizzato con L. Henderson, T. Banchoff, D. e H. Brisson, A. Pierelli, Roma (1982) 16mm., 27 minuti

[5] H.P. Manning, *Geometry of Four Dimensions*, MacMillan & Co., New York, 1914

[6] P.J. Davis e D. Hersh, *The Mathematical Experience*, Boston, 1981

[7] T. Banchoff, *Oltre la terza dimensione*, Bologna, 1993

[8] M. Emmer, a cura di, *Visual Mathematics*, Leonardo, Pergamon Press, 1992 vol. 25 n. 3/4

[9] P. Concus, R. Finn e D. Hoffman, *Geometric Analysis and Computer Graphics*, MSRI Series n. 17, Springer-Verlag, Berlin Heidelberg New York, 1991

[10] J. Horgan, The Death of Proof, *Scientific American*, October, 1993

[11] Si veda l'articolo di Simon Singh a pagina 41

[12] M. Callahan, D. Hoffman, e J.T. Hoffman, Computer graphics Tools for the Study of Minimal Surfaces, *Comm. ACM*, 31 n. 6, 1988, pp. 648-661

[13] S. Levy, D. Maxwell e T. Munzner, *Outside In*, The Geometry Center, video, 1994; *Not Knot*, The Geometry Center, video, 1991

[14] T. Munzner e D. Maxwell, *The Shape of Space*, The Geometry Center, video, 1997; basato sul

libro di J. R. Weekes, *The Shape of Space*, Marcel Dekker, New York, 1985

[15] H.-C. Hege, K. Polthier, *Visualization and Mathematics: Experiments, Simulations and Environments*, Springer-Verlag, Berlin Heidelberg New York, 1997

[16] H.-C. Hege e K. Polthier, *Mathematical Visualization: Algorithms, Applications and Numerics*, Springer-Verlag, Berlin Heidelberg New York, 1998

[17] H-C. Hege e K. Polthier, a cura di, *VideoMath Festival at ICM'98*, video, 60minuti, Springer-Verlag, Berlin Heidelberg New York, 1998

[18] H.O. Peitge e P.H. Richter, *La bellezza dei frattali*, Torino, 1987

[19] M. Field e M. Golubitsky, *Symmetry in Chaos*, Oxford University Press, Oxford, 1993

[20] M. Emmer, a cura di, *The Visual Mind: Art and Mathematics*, MIT Press, Boston, 1993; si veda anche M. Emmer, guest editor, special issue, *International Journal of Shape Modeling*, World Scientific, Singapore, in corso di stampa con articoli di A. Fomenko, G. Francis, J. Weeks, J. Sullivan, T. Banchoff ed altri

Elenco dei siti

WEB Galileo (giornale di scienza in rete in versione italiana e inglese)
http://www.galileonet.it

IV dimensione
http://www.math.brown.edu/~banchoff home page

Superfici minime
http://www.msri.org/Computing/SGP/
http://lefty.msri.org/Computing/SGP/

The Geometry Center
http://www.geom.umn.edu/video

Sito di Konrad Polthier
http://www-sfb288.math.tu-berlin.de/~konrad/video.html

Sito del video math festival di Berlino del 1998
http://www-sfb288.math.tu-berlin.de/VideoMath/

Sito sugli "Elementi"
http://aleph0.clarku.edu/~djoyce/java/elements/elements.html
A questo indirizzo si trovano i tredici libri degli *Elementi* di Euclide con le definizioni, le proposizioni, i teoremi e l'albero delle varie implicazioni. Le figure sono manipolabili dall'utente (il programma è in Java).

Sito di storia delle matematiche
http://www-groups.dcs.st-and.ac.uk/~history/
Contiene tra l'altro curve famose in Java.

matematica e **ricerca**

La comunità matematica e l'organizzazione della ricerca

di Alessandro Figà-Talamanca

La ricerca scientifica in matematica si differenzia dalla ricerca in altre discipline principalmente perché diverso è l'oggetto della ricerca.

Questo non significa che possano essere tracciati in maniera precisa i confini tra matematica e fisica o tra la matematica e le sue applicazioni. Tuttavia, per quanto incerti possano essere i confini, possiamo globalmente caratterizzare la chimica, la fisica e la matematica come discipline diverse.

Vorrei chiedermi però in questo intervento se esistono aspetti nell'organizzazione e nello svolgimento della ricerca matematica, come fenomeno collettivo, che la distinguano dalle altre discipline.

A questo proposito si deve dire innanzitutto che matematici, fisici e chimici hanno una comune caratteristica nell'organizzazione della ricerca e cioè l'esistenza di comunità scientifiche di riferimento a livello nazionale e internazionale.

Questo, ad esempio, è molto meno vero a proposito dei biologi. Al contrario di quanto avviene per matematica, fisica e chimica, non esiste in ambito nazionale o internazionale una rivista scientifica seria dove si confrontano biologi sistematici, biologi molecolari e biologi clinici. E infatti prevalgono aggregazioni meno onnicomprensive e mutuamente esclusive.

Le ragioni per la formazione e il consolidamento di queste comunità scientifiche molto estese, ma dotate di una forte coesione interna, non sono del tutto chiare. Quel che è certo è che si è trattato di un fenomeno sviluppatosi in tutti i paesi industriali, nel secolo scorso e nei primi decenni di questo secolo, che ha dato luogo anche a organizzazioni internazionali quali la "International Mathematical Union".

Questo ovvio collegamento internazionale è naturalmente uno dei punti di forza di queste discipline. Ad esempio è sempre possibile un confronto internazionale su temi concernenti la politica della formazione scientifica e della ricerca.

Non è un caso che tra tutti i settori scientifici e dell'ingegneria, solo i matematici, i fisici e i chimici abbiano scelto di strutturare i dottorati di ricerca in modo ampio e non settoriale. Esistono cioè prevalentemente dottorati in matematica o in fisica o in chimica ma non su singoli temi di ricerca come avviene nelle altre discipline. Pure onnicomprensive sono in genere le denominazioni dei dipartimenti universitari.

Ma a parte questo comune riferimento ad una comunità scientifica ben identificata a livello internazionale, come si distingue l'organizzazione della ricerca matematica da quella di altre discipline?

L'aspetto singolare della ricerca matematica, un aspetto che è spesso vissuto anche da noi stessi in modo conflittuale, è l'apparente frammentarietà e molteplicità dei temi di ricerca. Mentre in altre discipline i ricercatori si orientano su pochi temi e problemi scelti da un gruppo molto ristretto di *leader*, i matematici si comportano in maniera molto più individualistica, lavorando ognuno per conto proprio e coprendo quindi un larghissimo fronte di tematiche diverse. La rivista *Mathematical Reviews* che pubblica recensioni di lavori scientifici di matematica elenca circa cinquemila argomenti di ricerca attiva raccolti in sessanta divisioni principali. Ma anche all'interno di ognuna delle divisioni principali i temi e gli interessi sono sufficientemente diversi da rendere la reciproca comunicazione tutt'altro che facile e immediata.

La frammentazione dei temi di ricerca è legata al carattere individuale della ricerca matematica.

matematica e ricerca

Certamente alla matematica non si applica il luogo comune secondo il quale non vi sarebbe più posto nella scienza moderna per il singolo scienziato creativo, ma soltanto per gruppi di ricercatori organizzati alla stregua di una impresa industriale, secondo il principio della divisione del lavoro. La ricerca matematica è invece portata avanti da individui senza vincoli di dipendenza gerarchica, se non (e non sempre) nel brevissimo periodo in cui un giovane matematico svolge il suo apprendistato alla ricerca sotto la guida di un ricercatore esperto. Ogni matematico ha il proprio laboratorio nella sua testa, ed è libero di scegliere le proprie linee di ricerca, di modificarle e di adattarle alle difficoltà incontrate o in ragione dei risultati da lui stesso ottenuti. Ogni matematico è pertanto libero di invadere le altrui competenze, anzi il successo è spesso legato alla sua capacità di saccheggiare metodi utilizzati in altri ambiti subdisciplinari.

Questa organizzazione del lavoro scientifico non potrebbe funzionare senza una assoluta affidabilità della comunicazione scientifica che è infatti basata su un linguaggio comune da tutti accettato e su precisi *standard* di rigore dimostrativo. Nella matematica non c'è posto per le affermazioni vaghe e suggestive che trovano invece spazio in altre discipline scientifiche e che spesso colpiscono anche l'immaginazione del pubblico non scientifico. Tutto ciò che è pubblicato è accompagnato da dimostrazioni precise, complete e rigorose. Ciò che non soddisfa questi *standard* deve essere apertamente classificato come congetturale.

Ma il rigore delle dimostrazioni non basta a spiegare come da temi di ricerca frammentari, affrontati da scienziati che lavorano individualmente, si possa arrivare a progressi sostanziali come è drammaticamente successo negli ultimi cinquant'anni, e non a una dispersione degli sforzi in un numero crescente di rivoli separati.

Il fenomeno che si presenta invece a chi riflette sullo sviluppo della scienza matematica è che l'unità del pensiero matematico si rivela attraverso complessi meccanismi di comunicazione intersettoriale. La strada della specializzazione per temi e per competenze è interrotta dalla più che frequente utilizzazione di metodi e concetti di un ambito disciplinare per risolvere problemi che si pongono in un altro ambito. Molti dei successi conseguiti dal singolo matematico sono dovuti alla sua abilità di reinterpretare i metodi e i risultati di una teoria nel contesto di una disciplina apparentemente lontana. L'esempio più classico è forse quello della onnipresente teoria dei gruppi che può essere descritta come un modo sistematico di sfruttare le "simmetrie" di un problema. Un altro esempio è quello del metodo probabilistico che è penetrato in molti e diversi ambiti disciplinari. Proprio in virtù della affidabilità e della universalità della comunicazione, i mille rivoli della ricerca individuale si intersecano quindi e si sovrappongono in modo del tutto inaspettato dando luogo a un flusso coerente della ricerca collettiva.

È evidente allora che la premessa necessaria perché la ricerca frammentaria e individuale dei singoli matematici non si inaridisca in canali fine a se stessi, è che ci sia un ampio spazio per la comunicazione, lo scambio e l'interazione tra matematici provenienti da esperienze diverse.

Da questo punto di vista lo strumento della comunicazione formale attraverso le pubblicazioni risulta insufficiente (anche se necessario). Proprio perché si devono mantenere altissimi *standard* di rigore formale, la comunicazione scritta risulta di ardua e talvolta penosa lettura. Essa deve essere complementata da scambi sistematici di informazioni dirette tra i singoli scienziati.

Se ciò che non è rigoroso non può essere messo per iscritto, diventano indispensabili forme di comunicazione verbali incomplete, congetturali, presentazioni di dubbi più che di certezze, indicazioni delle difficoltà incontrate nelle diverse strade intraprese, rapporti e relazioni sugli insuccessi nella ricerca. (E infatti in matematica, al contrario di quanto avviene in altre discipline, i "risultati negativi" non sono mai pubblicati.) È quindi evidente che debbano esistere occasioni per questi scambi.

Certamente uno dei fattori che ha contribuito maggiormente ai notevoli sviluppi della matematica negli ultimi cinquant'anni è stata la grandissima mobilità dei matematici a livello internaziole, alimentata in gran parte dal sistema degli "anni sabbatici", caratteristico delle università degli Stati Uniti, che ha consentito da un lato ai professori americani di passare congrui periodi di tempo a svolgere ricerche e tenere conferenze in altre sedi (spesso in Europa) e dall'altro ha consentito di offrire un posto pagato di "professore visitatore" a un docente proveniente da un'altra università (spesso europea) che era chiamato a sostituire temporaneamente il docente che fruiva dell'anno sabbatico. Il differenziale di salari e costi della vita tra Europa e Stati Uniti d'America che si è mantenuto fino agli anni Settanta, ha contribuito a rendere appetibile la mobilità offerta da questo sistema. È indubbio che il sistema degli anni sabbatici ha giovato allo sviluppo della matematica in America, con fortissime ricadute in Europa, molto più dei finanziamenti alla ricerca matematica provenienti dalla "National Science Foundation" o dal "Department of Defense".

A questa risorsa nascosta delle università americane si sono aggiunti successivamente interventi degli Stati europei che hanno facilitato visite, anche prolungate, dei docenti stranieri. Si è inoltre consolidata la prassi di compiere studi per il dottorato e di svolgere ricerche postdottorali fuori del proprio paese. Infine, alcuni istituti di ricerca hanno deliberatamente promosso in varie forme la comunicazione, lo scambio e l'interazione tra matematici diversi.

L'universalità del sapere matematico e il fatto che per i diversi temi non siano necessarie risorse specificamente dedicate hanno reso possibile una comunicazione globale che non ha precedenti.

Mentre fino alla prima metà di questo secolo la comunicazione scientifica era affidata, oltre che alle pubblicazioni stampate, alla corrispondenza epistolare e ai rari congressi internazionali, nel dopoguerra è stata l'intensa mobilità fisica dei matematici che ha prodotto aggregazioni di interessi scientifici che trascendono completamente i confini nazionali e che si incrociano nei modi più svariati dando luogo a quel processo di ibridazione o *cross fertilization* per usare il termine inglese, cui può ascriversi in gran parte l'eccezionale successo della ricerca matematica negli ultimi cinquant'anni.

Un altro aspetto caratteristico della ricerca matematica, che la distingue da altre discipline, è la natura del suo rapporto con le applicazioni. La tecnologia moderna utilizza intensamente risultati e metodi della matematica. Ci sono risultati di matematica, anche profondi, alla base di tutti i sistemi di rilevazione o controllo computerizzato, dalla TAC (Tomografia Assiale Computerizzata) basata su un teorema di Radon del 1911, alla rilevazione aerea e satellitare e alla prospezione geologica basate su metodi di inversione dell'equazione delle onde, al volo della navetta spaziale la cui traiettoria è determinata sulla base di procedimenti matematici di ottimizzazione e controllo, ai moderni metodi di trasmissione e immagazzinamento dell'informazione, in gran parte basati sulla cosiddetta teoria delle ondine.

Eppure è raro che nel corso di una progettazione o di uno sviluppo tecnologico si presenti in modo chiaro un problema matematico la cui soluzione possa essere delegata a un esperto sulla base di un principio di divisione del lavoro.

Il lavoro del matematico in ambito applicativo è più spesso quello di ascoltare e suggerire formulazioni diverse dei problemi fino a che essi prendano una forma che colga l'essenziale del fenomeno fisico o dell'esigenza tecnica, ma al tempo stesso si presti a una trattazione matematica.

Molto spesso alla fine di questo processo complesso di modellizzazione matematica si trova che il "modello" ricade in una teoria matematica già ampiamente studiata.

Ma altrettanto spesso si trova che le esigenze pratiche provenienti dalle applicazioni impongono vincoli insospettati, spesso in concorrenza tra loro, come ad esempio le esigenze tra loro concorrenti di velocità di calcolo e di precisione dei risultati. Anche la teoria matematica più consolidata viene così arricchita di prospettive nuove che pongono nuovi problemi e contribuiscono non poco alla *cross fertilization* di cui si è parlato prima.

È evidente però che il processo di modellizzazione matematica che è alla base del rapporto tra matematica e applicazioni non è un compito esclusivo di un matematico quantunque "applicato". È invece un processo interattivo tra matematici e altri scienziati o tecnici che assume non di rado la forma propria di un rapporto di insegnamento reciproco.

Anche in questo caso la comunicazione interpersonale informale o sistematica è spesso la forma più efficace di contributo che possa fornire un matematico alle applicazioni tecnologiche.

Da questa sommaria descrizione segue che non hanno senso per la matematica strutture organizzate gerarchicamente e sulla base del principio della divisione del lavoro come avviene nei maggiori laboratori di scienze sperimentali. Invero la divisione del lavoro e l'organizzazione gerarchica caratteristiche di altre discipline non costituiscono un vantaggio per la vera innovazione scientifica, ma sono piuttosto uno svantaggio in termini di capacità di innovazione, imposto dalla necessità di investimenti in grandi e costose installazioni, che spesso sono dedicate a problematiche ben definite e non utilizzabili ad altri scopi.

Pure estranea alle necessità della ricerca matematica è l'idea di una netta separazione tra insegnamento e ricerca. Abbiamo notato che la ricerca matematica trae nutrimento da un'intensa comunicazione interpersonale che complementa la comunicazione scritta. L'ambiente naturale perché si sviluppi questo tipo di comunicazione è quello universitario specialmente in presenza di scuole di dottorato funzionanti.

In effetti, dal punto di vista della ricerca matematica è la formazione dei ricercatori, e non l'acquisto e manutenzione di grandi attrezzature, che costituisce l'investimento essenziale per lo sviluppo. La formazione dei ricercatori è naturalmente diretta prevalentemente ai giovani, ma essa deve necessariamente includere forme di comunicazione sistematica alle quali partecipano anche i ricercatori già affermati e per la matematica applicata forme di interazione con studiosi e tecnici di altre discipline.

Date queste premesse non sorprende quindi che i grandi istituti di ricerca matematica che sono sorti recentemente in vari paesi non prevedano un organico permanente di ricercatori, ma piuttosto attività dirette alla comunicazione interpersonale sistematica tra matematici, o aggregazioni temporanee di scienziati anche provenienti da altre discipline e interessati ad un problema comune. Esempi noti a tutti sono il "Newton Institute" in Inghilterra e il "Mittag Leffler Institute" in Svezia. Ma l'esempio più importante è quello del "Mathematical Sciences Research Institute", finanziato dalla "National Science Foundation" degli Stati Uniti d'America. Quando agli inizi degli anni Ottanta ne fu proposta l'istituzione, il progetto originario prevedeva un istituto di ricerca di tipo usuale con un organico di ricercatori stabili. Il progetto tuttavia incontrò una ferma opposizione da parte della comunità matematica statunitense che si dichiarò disposta a rinunciare all'offerta governativa di fondare un istituto nazionale se questo non fosse stato conforme alle peculiari esigenze della ricerca matematica.

Il risultato di questa vivace polemica è stata la fondazione di un istituto di ricerca privo di un organico permanente di ricercatori, con due sedi appoggiate a due grandi università di Stato (University of California a Berkeley e University of Minnesota), la cui attività consiste nell'organizzazione di trimestri scientifici intensivi dedicati ad argomenti specifici di ricerca matematica.

matematica e **ricerca**

Matematica e tecnologia alle soglie del 2000

di Claudio Pedrini

È ben evidente come ci siano vari possibili approcci a un tema cosi ricco di applicazioni quale quello del rapporto tra lo sviluppo della matematica e le sue applicazioni. Qui si è scelto, per motivi che spero appariranno chiari nel corso di questa esposizione, quello delle applicazioni della matematica alla tecnologia, con ciò intendendo essenzialmente le applicazioni alla produzione industriale di conoscenze e tecniche in qualche modo già consolidate a livello teorico e di ricerca di base.

Anche se tale aspetto ha segnato in varia misura le interazioni tra la matematica e le sue applicazioni nel corso di tutto questo secolo, la questione si pone oggi in termini nuovi, a seguito da una parte della cosiddetta globalizzazione dei mercati che rende sempre più decisiva la competitività dell'industria e la ricerca di nuove tecnologie, dall'altra dello sviluppo massiccio dell'informatica che ha reso possibili applicazioni della matematica che apparivano impensabili fino a qualche decennio fa.

Naturalmente questo sviluppo delle applicazioni della matematica ha un'evidente ricaduta sulle scelte e sulle prospettive della stessa ricerca di base: in qualche modo si presenta alla fine del secolo XX una situazione per taluni aspetti simile a quella di un secolo fa, quando sull'onda della rivoluzione industriale tutto il complesso delle relazioni tra matematica e scienze sperimentali, in particolare la fisica, ebbe un'accelerazione che ha segnato profondamente, anche dal punto di vista culturale, tutto il Novecento.

Ciò ha comportato, in tale precedente fase storica, da una parte uno spostamento continuo dei confini tra la cosiddetta "matematica pura" e la "matematica applicata", dall'altra la nascita di nuove teorie e l'unificazione a livello di fondamenti di tutte le basi della matematica. Basterà qui ricordare l'enorme impatto del lavoro di Hilbert e l'avvio di una riflessione e di una sistemazione rigorosa degli aspetti epistemologici della conoscenza matematica.

In tempi più recenti, in particolare nel secondo dopoguerra, si è consolidata una unificazione sistematica di teorie e di tecniche di indagine in settori fondamentali della matematica quali la geometria, la topologia e la teoria dei numeri che ha tra l'altro messo in evidenza possibilità notevoli di applicazioni sia nel campo della fisica che in vari ambiti dell'informatica.

Esistono ad esempio ricerche assai importanti e avanzate sui nuovi linguaggi di programmazione che si basano su risultati di teoria delle categorie, cioè di un ramo della matematica teorica che fino a qualche decennio fa faceva storcere il naso a molti matematici perché troppo astratta.

Gli esempi potrebbero continuare citando le applicazioni della topologia algebrica al riconoscimento di immagini e alla simulazione, della teoria dei numeri alla teoria dei codici e così via.

Nonostante tutto ciò, si ha spesso l'impressione, soprattutto in Italia, di una certa difficoltà a cogliere tutte le implicazioni di quella che non a caso è stata chiamata la "seconda rivoluzione industriale", nei riguardi dello sviluppo della matematica e delle sue applicazioni sia alle diverse scienze sperimentali che alle tecnologie industriali.

Paradossalmente, sembra talora più difficile oggi un rapporto continuo di interscambio tra la matematica e le sue applicazioni di quanto non fosse alla fine del secolo scorso. Certo influiscono anche il livello assai elevato di specializzazione dei singoli settori di ricerca, l'accresciuta competitività internazionale, l'enorme numero di ricercatori operanti nelle università e nei centri di ricerca pubblici e privati.

Il che non toglie come, a mio avviso, la situazione attuale proponga anche una riflessione di carattere generale su come si vada configurando alle soglie del terzo millennio il rapporto tra sviluppo delle conoscenze scientifiche e sviluppo industriale e quale possa essere il ruolo, in un contesto di crescente "globalizzazione", di quella vecchia Europa che fu invece protagonista quasi assoluto di tale imponente fenomeno alla fine dell'Ottocento.

Questa relazione non si propone certo di sviluppare un tema così ampio (e per taluni aspetti anche generico) ma più modestamente di tentare una risposta documentata a una domanda più semplice: come si presenta oggi in Europa e in Italia la situazione per quanto riguarda le applicazioni della matematica allo sviluppo tecnologico del sistema industriale?

Il riferimento al contesto europeo appare oggi una scelta pressoché obbligata, dato che è stata soprattutto la Comunità Europea ad attivare negli ultimi anni numerosi finanziamenti e incentivi per il trasferimento di tecnologie dai centri di ricerca al sistema delle imprese con particolare riguardo alle esigenze delle piccole e medie aziende.

Obiettivo di tale impegno organizzativo ed economico è quello di rendere più competitive le industrie europee rispetto a concorrenti assai agguerriti, in primo luogo gli USA. Uno infatti degli elementi che caratterizzano la realtà europea rispetto a quella degli USA, e che sono in parte all'origine del ritardo dell'Europa in settori decisivi per le sviluppo tecnologico, è la maggiore rigidità del sistema della ricerca e dell'Università nell'interagire con il sistema delle imprese.

Altro elemento di forte differenziazione è il ruolo che hanno avuto negli USA i massicci investimenti nella ricerca e nel trasferimento di tecnologie conseguenti allo sviluppo di un imponente apparato militare.

I risultati di tale azione di sostegno svolta a livello comunitario sono stati, in alcuni settori, significativi: basti pensare a quanto si è realizzato con i progetti ESPRIT nel settore informatico o con progetti analoghi nel settore delle telecomunicazioni o

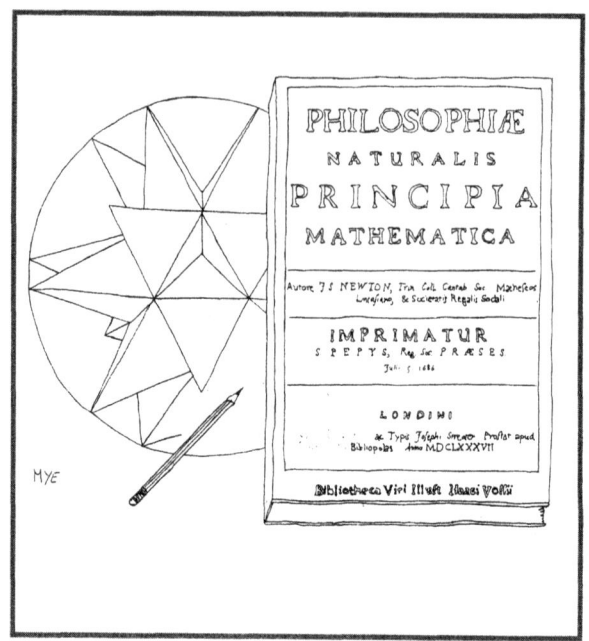

Incisione di Matteo Emmer, da *La Venezia Perfetta*
Centro Internazionale della Grafica, Venezia, 1993

dell'aerospaziale. Tutto ciò ha permesso negli ultimi anni di ridurre significativamente il ritardo tecnologico che l'Europa aveva accumulato nei confronti degli USA e del Giappone.

Prima di esaminare nel dettaglio la situazione per quanto riguarda più specificatamente la matematica, è necessario ricordare sia pur schematicamente come si presenta la realtà italiana all'interno di tale contesto europeo.

Elementi caratterizzanti sono anzitutto la natura quasi totalmente pubblica dei finanziamenti per la ricerca e lo scarso impegno finanziario complessivo (circa 1,2% sul PIL) a fronte di investimenti superiori al 2% dei maggiori partner europei. In secondo luogo, il sistema industriale italiano è caratterizzato al 90% da piccole e medie imprese, cioè da entità produttive che per loro natura hanno maggiori difficoltà a effettuare massici investimenti per la ricerca e lo sviluppo tecnologico.

Anche in conseguenza di ciò, interi settori quali quello farmaceutico, dove il rapporto tra fatturato e risorse per Ricerca & Sviluppo è particolarmente elevato, sono negli ultimi anni passati quasi completamente in mano a grandi gruppi multinazionali.

In sostanza, è assai frequente in Italia la realtà di imprese di piccole e medie dimensioni che non dispongono di sufficienti informazioni sugli incentivi disponibili sia a livello comunitario che nazionale, hanno scarsi contatti con enti di ricerca e università e spesso non riescono ad esprimere il fabbisogno di innovazione tecnologica in termini sufficientemente espliciti.

Altro elemento specifico della realtà italiana è la quasi totale assenza - a differenza di quanto accade in Francia e soprattutto in Germania, cioè in realtà simili a quella italiana per quanto riguarda la presenza di enti e centri di ricerca a finanziamento pubblico - di Agenzie specificatamente rivolte allo sviluppo e al trasferimento di tecnologie al sistema industriale.

In questo quadro appare in Italia particolarmente grave la perdurante crisi sia organizzativa che finanziaria del CNR, cioè di un ente che dovrebbe per sua natura e vocazione costituire uno snodo fondamentale nel rapporto tra ricerca di base e sue applicazioni.

Qui, accanto a fenomeni di degenerazione burocratico-amministrativa che comportano un'incidenza delle spese di gestione su quelle per investimento assolutamente sproporzionata, permane un'evidente confusione di ruoli e di compiti rispetto al sistema universitario, talché si verificano fenomeni di sovrapposizione di finanziamenti e di malintese competizioni.

In conseguenza di ciò e a fronte di un impegno finanziario comunque notevole, i risultati in termini di superamento del *gap* tecnologico che il sistema industriale italiano tutt'ora presenta in settori fondamentali sono assai deludenti.

In sostanza: qual è stata la risposta italiana di fronte alla sfida lanciata a livello della Comunità Europea di puntare decisamente sull'aumento qualitativo e quantitativo dell'impegno finanziario volto a favorire il trasferimento di *know-how* e di tecnologie alle imprese, specialmente in quei settori dove più forte è la competizione a livello mondiale?

Una risposta in qualche misura "tradizionale" per chi abbia un po' di dimestichezza con la lentezza e l'inerzia tipiche degli apparati pubblici in Italia: invece di cercare anzitutto di riorganizzare e mettere al passo con tale sfida le università e gli enti pubblici già esistenti e dotati sia di personale che di risorse, si sono moltiplicati i soggetti e le fonti di finanziamento finalizzati al "trasferimento tecnologico".

Esistono infatti diverse leggi nazionali che affidano a vari ministeri il finanziamento per l'innovazione tecnologica, sulla base di diversi meccanismi di richiesta e di gestione dei fondi. A questi si aggiungono vari tipi di progetti finalizzati del CNR, fondi strutturali europei gestiti dalla Regioni, interventi specifici per il Mezzogiorno, creazione di "aree di ricerca" e/o di Parchi Scientifici ecc.

Tale dispersione e confusione negli strumenti di intervento finanziario ha determinato una scarsa incisività complessiva dei fondi erogati e una forte differenziazione dei risultati ottenuti nei diversi settori disciplinari e nei vari contesti territoriali. In particolare, si riscontra un maggiore successo degli incentivi erogati per l'innovazione tecnologica in contesti fortemente omogenei dal punto di vista degli insediamenti industriali, soprattutto per quanto riguarda il tessuto delle piccole e medie imprese. Ciò è conseguenza del fatto che in una realtà di "distretto industriale", cioè di un aggregato consistente di aziende caratterizzate da una stessa linea di prodotto, è più facile la creazione di strutture di servizio volte a favorire l'innovazione tecnologica di gruppi di imprese che presentano problemi simili. Ed è quanto è in larga misura accaduto nei distretti del tessile e della ceramica.

D'altra parte per alcuni settori - tra i quali va collocata certamente la matematica - dove il passaggio da un livello di ricerca svolto essenzialmente nelle università o negli enti pubblici alle possibili innovazioni tecnologiche di interesse per l'industria è particolarmente complesso, occorrerebbe disporre di soggetti istituzionali a carattere nazionale, capaci di fornire un adeguato sostegno alle diverse realtà territoriali. In questa direzione appare assai interessante l'esperienza dell'Istituto Nazionale di Fisica della Materia (INFM) che, anche attraverso le sue articolazioni periferiche, svolge accanto ad una attività di ricerca di alto livello anche una specifica attività di trasferimento tecnologico alle imprese.

Nel settore della matematica l'unico istituto di ricerca a carattere nazionale è l'Istituto Nazionale di Alta Matematica (INDAM) che ha invece caratterizzato la sua attività prevalentemente nell'ambito della formazione di laureati, attraverso borse di studio, *visiting position* per corsi di dottorato etc., per lo più nel campo della ricerca di base.

Per esaminare più nel dettaglio come si collocano la matematica e i matematici italiani di fronte a tale contraddittoria situazione non si può dunque prescindere, dato che la quasi totalità dei ricercatori matematici opera all'interno di istituti e dipartimenti universitari, dal ricordare come ha reagito l'Università al nuovo contesto caratterizzato da una crescente sfida internazionale sul piano della ricerca e dell'innovazione tecnologica.

Senza naturalmente pretendere di tracciare un quadro esauriente o tantomeno di esprimere giudizi generali, ciò che appare oggi prevalente è un duplice atteggiamento: da una parte quello di chi, vista la crescente diminuzione dei finanziamenti provenienti dallo Stato e contemporaneamente le maggiori possibilità di interazione con il sistema produttivo conseguente al processo di autonomia degli atenei italiani, ha cercato, comunque, di consolidare e accrescere le collaborazioni e lo sviluppo di progetti di ricerca finalizzati all'innovazione tecnologica e dall'altra quello di chi ha ritenuto (in parte a ragione) che un processo di modifica dell'assetto istituzionale e dei meccanismi di finanziamento dell'Università richiedesse un quadro normativo e una politica di indirizzo nazionale più consistente e organica che non qualche confusa circolare ministeriale.

Tutto ciò ha accresciuto il già esistente divario tra settori più e meno "aggressivi" rispetto alle applicazioni industriali della ricerca, penalizzando in particolare alcuni ambiti di ricerca assai interessanti e rischiando in prospettiva di depauperare filoni di ricerca importanti e significativi.

In questo quadro di carattere generale la matematica italiana si è presentata con alcune peculiarità: anzitutto un tradizionale e radicato dualismo tra matematica "pura" e "applicata" con una diffusa tendenza a ritenere la seconda in qualche modo secondaria se non addirittura di scarso valore conoscitivo.

In secondo luogo il prepotente affermarsi dell'Informatica - per molti aspetti nata da una costola della matematica - ha visto il tentativo (un po' patetico!) di una parte dei matematici di arroccarsi in difesa della matematica "pura" negando autonomia e spazio decisionale sia in termini di finanziamenti che di distribuzione di posti alla nuova disciplina.

Una specifica conseguenza di questa situazione, che assume particolare interesse ai fini del discorso che vogliamo sviluppare in questa sede, è stata la difficoltà della "matematica applicata" ad assumere una precisa identità come settore di ricerca distinto dall'informatica.

Questo complessivo ritardo nel cogliere i processi in atto a livello internazionale sia per quanto riguarda lo sviluppo e l'articolazione dei diversi campi di ricerca della matematica che in relazione al trasferimento di conoscenze al sistema produttivo, si riflette in qualche misura anche nel campo della definizione dei percorsi e dei profili formativi.

È questo un aspetto particolarmente rilevante per un settore nel quale la formazione dei laureati assume un peso determinante anche ai fini delle interazioni con i settori produttivi.

A differenza di quanto accaduto per altri corsi di laurea, quello in matematica è rimasto nella sostanza immutato negli ultimi trent'anni talché l'attuale articolazione in "indirizzi" (didattico, generale e applicativo) e i contenuti dei *curricula* formativi per ciascuno di essi, appaiono complessivamente inadeguati di fronte ai mutamenti avvenuti nel mercato del lavoro, in particolare per quanto riguarda i profili professionali per il settore industriale.

Del resto anche la non attivazione nella quasi totalità delle sedi universitarie di diplomi universitari nel settore della matematica rivela una difficoltà del mondo accademico a individuare un percorso capace di formare tecnici di livello intermedio nei settori applicativi della matematica.

Per esaminare come si colloca la presenza italiana

nei progetti europei di finanziamento alla ricerca e all'innovazione tecnologica abbiamo condotto un'analisi dettagliata dei progetti di interesse per le applicazioni della matematica all'industria finanziati dalla UE negli ultimi anni. Le informazioni qui schematicamente riportate sono state dedotte da quelle reperibili sul sito http://www.cordis.lu
Ne è emerso il seguente quadro: su un totale di 7868 progetti che prevedono *partnerships* tra centri di ricerca o università e industrie ci sono 470 progetti riguardanti varie applicazioni della matematica all'industria. Tra questi, 120 progetti presentano tra i soggetti promotori *partner* italiani.
Per avere un quadro di riferimento sul totale dei progetti, sia di ricerca di base che di carattere applicativo, finanziati dalla UE, basterà qui ricordare che il totale dei progetti finanziati e presenti nel DataBase CORDIS sono 31.370 di cui 24.969 completati alla data del maggio '98.
I 470 progetti esaminati riguardano sia temi di carattere generale quali "matematica come risorsa generale" e "matematica applicata" o progetti più specifici quali: la modellistica matematica applicata al disegno di superfici a 3D, alla siderurgia, all'ambiente; l'ottimizzazione; il controllo di sistema.
Ma il dato forse più interessante ai fini del discorso che ci interessa in questa sede è il seguente: ci sono in totale 76 progetti cui partecipano in vario modo dipartimenti di matematica italiani e di questi ben 55 sono progetti che riguardano essenzialmente ricerca di base e che non prevedono *partner* industriali.
Compaiono invece 41 progetti nel settore della matematica applicata che vedono presenti gruppi di ricerca italiani.
Se si tiene presente la consolidata tradizione e presenza internazionale della ricerca matematica italiana e il buon livello attuale testimoniato anche dal numero di pubblicazioni significative sulle maggiori riviste internazionali, appare del tutto evidente uno scarso impegno nel settore delle applicazioni della matematica all'industria rispetto ai nostri maggiori *partner* europei.
È evidente che su tale situazione influisce negativamente anche la scarsa propensione dell'industria italiana - caratterizzata come dicevamo all'inizio da una preponderante presenza di piccole e medie imprese - a partecipare, mediante *partnerships* con istituti o gruppi di ricerca a progetti di matematica applicata che per la loro natura si collocano solitamente in una fascia "alta" per quanto attiene il rapporto tra ricerca e sue applicazioni industriali.

Dalle sia pur schematiche osservazioni sviluppate sino a questo punto emerge un quadro non certo esaltante di come si è venuto sviluppando in Italia il rapporto tra matematica e sviluppo tecnologico. Così come per altri aspetti riguardanti la matematica e la cultura, anche in questo caso occorre non solo cercare di rimuovere le cause per così dire strutturali che rendono sostanzialmente episodico il rapporto tra conoscenze matematiche e loro utilizzo per lo sviluppo tecnologico, ma affrontare gli aspetti più tipicamente culturali del problema.
In una realtà quale quella italiana piuttosto arretrata per quanto riguarda la diffusione delle conoscenze scientifiche e l'interesse per lo sviluppo della scienza sia a livello di *mass-media* che dello stesso sistema scolastico, la matematica è spesso sostanzialmente intesa come un coacervo di formule ed espressioni incomprensibili.
A tale cronica "disaffezione di massa" verso il metodo e i risultati scientifici in generale e verso la matematica in particolare, si è spesso tentato di porre rimedio, anche da parte degli stessi matematici, attraverso il ricorso a motivazioni di carattere intuitivo (vedi l'esaltazione della cosiddetta insiemistica), alla bellezza e all'eleganza delle teorie matematiche, più raramente all'aspetto - peraltro fondamentale anche dal punto di vista storico - del linguaggio matematico come strumento obbligato per descrivere e comprendere i fenomeni scientifici.
In un mondo che appare sempre più dominato dai fenomeni della comunicazione e quindi dell'utilizzo di "linguaggi" appropriati per trasmettere informazioni e conoscenze, appare strano che, mentre viene universalmente accettato e utilizzato quello dei *computer* (basti pensare alla quantità di riviste specializzate su tutti gli aspetti del *soft-*

ware) seguiti ad apparire "ostico" e sostanzialmente inutile il linguaggio delle formule matematiche, indispensabile non solo per descrivere le leggi della natura ma anche per comprendere gli sviluppi della tecnologia che sempre più caratterizzano la vita di tutti i giorni.

Talché sembra risultare più facile comprendere il significato e l'utilità di un linguaggio quale il C⁺⁺ che non le equazioni su cui si basano alcune delle più strabilianti innovazioni tecnologiche nel settore delle telecomunicazioni.

Del resto, anche sulle riviste di divulgazione scientifica più serie e diffuse spesso ci si ferma ad una descrizione puramente qualitativa di fenomeni pure di grande interesse per un vasto pubblico quasi si avesse una sorta di pudore ad illustrare le formule matematiche che servono a spiegare gli aspetti quantitativi, degli stessi fenomeni.

In conclusione, appare abbastanza evidente come dalle analisi sviluppate in questa sede emergano due differenti terreni di riflessione sul tema del rapporto tra matematica e tecnologia.

Unao di carattere più culturale che ha a che fare con il "recupero" della centralità del rapporto tra la matematica e le sue applicazioni, anche ai fini dello sviluppo della stessa ricerca di base, l'altro legato all'esigenza di costruire all'esterno un'immagine più documentata e positiva dell'importanza della matematica ai fini dell'innovazione tecnologica a tutti i livelli.

Inoltre, dato il carattere complesso dei "passaggi" che caratterizzano l'*iter* di trasferimento delle conoscenze matematiche verso le innovazioni tecnologiche, sarebbe forse interessante sviluppare una riflessione approfondita e documentata sugli aspetti storici del problema, in particolare per quanto riguarda l'influenza di fattori quali da un lato lo sviluppo generale delle conoscenze scientifiche e dall'altro il contesto economico e culturale. Ad esempio: lo sviluppo di settori trainanti per l'innovazione tecnologica quali l'*high tech* e il militare ha avuto gli stessi effetti sull'eccellenza della ricerca in matematica e sulle sue applicazioni come per altri settori quali la fisica e l'informatica?

Un altro aspetto che si è cercato di mettere in evidenza in queste note è quello per così dire strutturale: in una realtà sempre più caratterizzata da una marcata competitività internazionale e dall'esistenza di centinaia di ricercatori che in tutto il mondo lavorano sugli stessi problemi, appare difficile immaginare che il trasferimento di conoscenze dagli istituti di ricerca al mondo produttivo possa essere affidato solo alla iniziativa dei singoli ricercatori.

Occorre perciò superare al più presto la mancanza in Italia di strumenti e di finanziamenti adeguati a garantire una continua interazione tra i vari livelli della ricerca matematica e le sue applicazioni in termini di innovazione tecnologica. Questo dovrebbe anche servire a dare piena dignità, soprattutto all'interno del mondo accademico, alla ricerca specificatamente indirizzata verso le applicazioni industriali, chiarendo, se ce ne fosse ancora bisogno, che nella matematica, come del resto in tutti gli altri campi della ricerca scientifica, un risultato originale e innovativo è importante indipendentemente dal fatto che esso sia più "teorico" o più "applicativo".

matematica e **filosofia**

Il sofista. La genesi del pensiero formale nella filosofia e matematica greche

di Luigi Borzacchini

L'uomo conosce attraverso i segni. Dio conosce direttamente il mondo perché ne è il Creatore, l'uomo non ha questa possibilità, e quindi tutta la sua conoscenza è frutto della "manipolazione sintattica". Questa è una consapevolezza che viene formulata in tutta la sua crudezza al centro della *ars combinatoria* di Leibniz, ma percorre in realtà tutta la storia della civiltà europea, dall'alba della cultura classica alla Scienza dell'era moderna, fino alla odierna pervasività del calcolatore, la "macchina sintattica".

È qualcosa di così evidente da essere ormai un ingrediente del senso comune. Basta prendere un libro di fisica e scoprirlo pieno di "formule", per esempio $F = G m M / R^2$, cioè semplici "tracce" di inchiostro su un pezzo di carta, che sono però considerate "leggi di natura". A pensarci bene, è ovvio che quegli scarabocchi, anche se ristampati identici milioni di volte, non possono svolgere alcuna funzione causale nel moto degli astri e delle galassie: in realtà essi "stanno per", "rappresentano" un "qualcosa", appunto una "legge di natura", che non possiamo descrivere altrimenti che con i segni e che ha effettivamente un tale ruolo causale nel cosmo.

Tale *rappresentazione sintattica* connette due mondi: il *mondo reale* (la *semantica*) e il *mondo dei segni* (la *sintassi*). Ma che cosa intendiamo qui per *segno*? Una "traccia" (scritta sulla carta, scolpita nella roccia, incisa sull'argilla) scelta da un insieme, un *alfabeto*, finito, di tracce. Inoltre i nostri "segni" hanno qualcosa di astratto e ideale, in quanto li riteniamo *infinitamente riproducibili* in modo identico e *perfettamente distinguibili* tra di loro: anzi sono gli unici enti dei quali si possa realmente predicare l'assoluta *uguaglianza* e *diversità*; ma hanno anche qualcosa di materiale e concreto, in quanto li riteniamo *costruibili* e *manipolabili* tecnicamente. Dal punto di vista della funzione di "rappresentazione", vengono ritenuti *convenzionali* nella forma e *intersoggettivi* nel significato e nell'uso (secondo "regole"). Sono insomma i nostri segni logici, numerici, algebrici, ma anche quelli alfabetici nella misura in cui il linguaggio naturale viene usato come "protocollo di comunicazione" di fatti.

La linguistica contrappone spesso questo tipo di rappresentazione "sintattica" ad una rappresentazione "iconica", in cui gli elementi del mondo reale sono rappresentati da loro "immagini" più o meno stilizzate (ad esempio le silhouette di uomini e donne sulle porte delle toilette). Tale tipo di rappresentazione appare più semplice, diffusa nelle civiltà più antiche, nelle scritture pre-alfabetiche, e, nelle sue forme più elementari, in quanto tipo di rappresentazione "naturale" e "adattativa", forse patrimonio anche di esseri viventi cui usualmente non si ascrive "intelligenza".

I *segni* e la loro funzione di *rappresentazione sintattica* sono la base di ciò che qui intendiamo per *pensiero formale*. Qualcosa che fa parte integrante

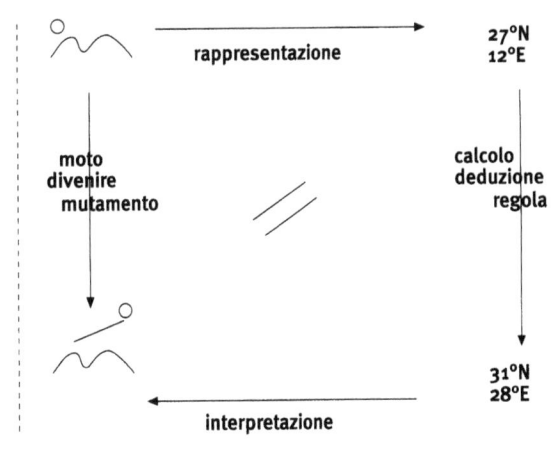

Figura 1

della nostra vita, al punto da apparire del tutto ovvia. Ma è davvero tale?

Consideriamo ad esempio un astronomo (caldeo, rinascimentale o contemporaneo) che guarda la luna e ne rappresenta la posizione attraverso coordinate astronomiche (figura 1): è questo l'aspetto "statico" della rappresentazione (descrive il regno dell'*essere*, ed è erede della "characteristica universalis" di Leibniz). Ma l'astronomo può anche "calcolare", attraverso tavole, operazioni, calcoli, equazioni ecc., la posizione che la luna assumerà più tardi e verificare il risultato. Se la posizione così prevista e quella reale coincidono, la rappresentazione si dice *corretta* (matematicamente diremo che il diagramma "commuta"). Questo è l'aspetto "dinamico" della rappresentazione (descrive il *divenire*, il *mutamento*, ed è erede del "calculus ratiocinator" di Leibniz).

I due "mondi", sintassi e semantica, appaiono del tutto eterogenei e quindi si pone immediatamente il problema del come faccia questa "tecnica rappresentativa" a "funzionare" (e che "funzioni" è provato dalla sequenza praticamente ininterrotta di trionfi della nostra conoscenza "sintattica", la matematica applicata soprattutto alla fisica, negli ultimi quattro secoli), non solo come "ricetta" empirica di registrazione di fatti, ma addirittura come fondamento della stessa idea di "verità". Probabilmente ancora oggi la risposta più "convincente" è quella di Leibniz, che ne faceva uno dei capitoli di quella *armonia prestabilita* tra mentale e corporeo, fissata da Dio sin dalla notte dei tempi. O anche quella "neokantiana", che si limita a fare di questo sapere sintattico un *apriori* della conoscenza umana.

Un altro problema è poi quello di spiegare come l'uomo abbia potuto "scoprire" o "inventare" tale "tecnica rappresentativa". La eterogeneità dei due mondi rende difficile darne una origine "analogica", "empirica", evoluta da forme di rappresentazione "iconica", né appare possibile dedurre "formalmente" lo stesso "pensiero formale".

Ma i "segni alfabetici" sono gli eredi di una evoluzione iniziata col Neolitico e poi sviluppatasi nelle grandi civiltà orientali con la nascita della scrittura. Possiamo infatti immaginare gli "antenati" del nostro astronomo caldeo associare il solstizio al sorgere del sole su una certa collina, e poi, in Egitto o a Stonehenge, disporre un cerchio di pietre, associare il solstizio ad un certo monolito e tramandarne oralmente la memoria. Graffiti e pitture segnavano il mondo, rocce e caverne erano l'ordito di un tessuto di cui i simboli dell'uomo erano la trama, "emblemi" unici e irripetibili, non ancora "segni".

Ma, dopo qualche millennio, ritroviamo invece, in Medio Oriente come in Cina, qualcosa di sorprendente: uno scriba, un intellettuale di palazzo e di tempio, accovacciato davanti ad una lastra di pietra o ad una tavoletta di argilla o ad un sottile foglio ottenuto da qualche vegetale macerato e pressato, con in mano uno scalpello, uno stilo o un pennello intinto in un liquido nero: è la *registrazione*, il *segno*, la *scrittura pitto-ideografica*. E dopo un po' lo vediamo nella stessa posizione, davanti ad una tavola di pietra o di legno o piena di sabbia, muovere pietruzze e bastoncini: è il *calcolo*, i *dadi* e gli *scacchi*, la *divinazione*. E infine la scrittura diventerà base della riproduzione culturale nella polis e sarà la *letteratura*, la *legge*, la *filosofia*, la *scienza*.

Sin dall'inizio il "mondo dei segni", è appunto un *mondo*, autonomo e separato dal mondo "naturale", un mondo fatto di oggetti infinitamente riproducibili e manipolabili secondo regole: dall'abaco alla tastiera del computer è un mondo completo in tutti i dettagli che si può tenere e manipolare sulle ginocchia. E la storia del *regno dei segni* è una storia di "zone d'ombra" nelle quali si riconoscono fratture che una evoluzione lineare non riesce a colmare.

Così il fatto che il passaggio da una riproduzione culturale di tipo orale ad una basata sulla scrittura possa ristrutturare profondamente la "mente" è qualcosa di comprensibile, in fondo, anche da un punto di vista puramente "computazionale". Infatti la "mente", in una cultura orale, deve strutturarsi come un *automa a stati finiti*, potendo memorizzare solo tramite gli stati cerebrali, che sono in numero finito; invece, avendo a disposizione un mondo esterno potenzialmente illimitato su cui "leggere/scrivere" e muoversi in libertà, la "mente" può strutturarsi come una *macchina di Turing*. Ed è difficile comprendere questo passaggio, superare questa "zona d'ombra" che delimita l'inizio del *regno dei segni*, partendo evolutivamente dal comportamento degli scimpanzé, o da una conoscenza basata sulla osservazione tramandata tramite gesti e suoni, o su un modello della mente fondato sulle reti neurali: come può una *macchina di Turing* "emergere" da un *automa a stati finiti*? E come possono i *simboli unici e irripetibili* diventare i *segni infinitamente riproducibili*?

Tralasciando gli aspetti più "filosofici" di questi interrogativi, cerchiamo di descrivere meglio le difficoltà insite nella stessa idea di "rappresentazione sintattica": la nostra attenzione è verso un'altra "zona d'ombra", quella che segna la nascita del "pensiero formale", quando la scrittura diventa la base della cultura di massa, nella civiltà greca classica, diventando il "medium" principale di tutta la attività linguistica.

In primo luogo consideriamo la doppia caratterizzazione della rappresentazione sintattica, allo stesso tempo *convenzionale* e *intersoggettiva*. A pensarci bene la intersoggettività sarebbe meglio garantita da una rappresentazione iconica che da una sintattica, la quale invece, in quanto convenzionale, si presenta essenzialmente soggettiva. In parole povere: sulla porta della toilette, scrivere "uomini" e "donne" invece di usare le silhouettes rende la rappresentazione più "soggettiva" (ad esempio la rende incomprensibile a chi non capisce l'italiano). Le due caratterizzazioni del "segno" appaiono così curiosamente contraddittorie: le ragioni della diffusione di massa della civiltà della scrittura paradossalmente ne minano la intersoggettività.

In secondo luogo confrontiamo, nell'esempio astronomico fatto sopra, il moto reale della luna durante la notte, *continuo*, quasi uniforme e rettilineo, con le operazioni sintattiche fatte dagli astronomi, con il moto delle palline sull'abaco, con gli scarabocchi delle operazioni aritmetiche o con le transizioni di stato in un calcolatore. Non solo questi sono processi *discreti*, ma presentano un carattere caotico del tutto inconfrontabile con il moto regolare della luna. Questa differenza continuo/discreto (regolare/caotico) si traduce in diverse difficoltà della rappresentazione: la "rappresentazione sintattica" richiede simboli "elementari" mentre quella "iconica" no, le parti della rappresentazione di un oggetto (a quale parte di Socrate corrisponde la "o" del suo nome?) non sono rappresentazioni delle parti dell'oggetto stesso, mentre questo accade nella rappresentazione iconica (la mano nell'immagine di Socrate è l'immagine della mano di Socrate), e infine la relazione non è biunivoca: un predicato corrisponde a molti oggetti e un oggetto possiede molti predicati.

In terzo luogo la corrispondenza è abbastanza semplice per termini osservativi (come "casa" o "giallo"), più complessa per termini astratti (come "bellezza" o "giustizia") o costrutti teorici (come "carica elettrica"), ma esistono parole per le quali la corrispondenza è del tutto impossibile, quali "essere", "verità", "negazione" ecc. Addirittura, nella realtà rappresentata dalla proposizione "non c'è niente di rosso" non solo non troviamo qualcosa corrispondente a "non", a "niente" o a "c'è", ma neanche qualcosa corrispondente a "rosso". Esistono poi i termini matematici, quali numeri o relazioni ("uguale" o "più/meno"), i quali non ammettono corrispondenze "analitiche", ma solo "olistiche": in "ci sono due stelle" o "i pianeti hanno uguale luminosità" il "due" o l'"uguale" non possono essere predicati di nessun oggetto singolo, ma solo del fatto complessivo.

Questi aspetti sono comparsi eplicitamente come problemi nel nostro secolo, da Wittgenstein [1] sino al dibattito attuale sulle reti neurali e sulla relativa conoscenza "subsimbolica" opposta alla conoscenza "simbolica" dell'Intelligenza Artificiale convenzionale. Ma si possono ritrovare, come cercheremo di mostrare, nella loro forma più radicale e più lucida nei dialoghi platonici, soprattutto nel *Cratilo*, nel *Teeteto*, nel *Sofista*.

Nel mezzo oltre due millenni in cui questi problemi sono apparsi poco rilevanti. Perché?

Credo che ciò che ha celato per tanto tempo i problemi della rappresentazione sintattica è stato il ruolo svolto dalla grande invenzione platonica, il mondo delle idee che per secoli è stato, con il mondo dei segni e il *mondo reale*, il terzo mondo del *triangolo semiotico* (Figura 2). Le *idee* erano entità "anfibie", un po' "visive", "iconiche", come dalla loro etimologia, un po' "sintattiche", come secondo una tradizione che parte anche da Platone stesso, ma diviene dominante a partire da Leibniz e soprattutto Hilbert. Questa ambiguità faceva delle "idee" e della "mente" un po' lo stato-cuscinetto, il "ponte" tra i segni e la realtà, tra sintassi e semantica: si poteva dire che i segni "stavano per" le idee corrispondenti e queste erano connesse alla realtà, oppure che i segni viceversa "collegavano" le idee alle immagini delle cose.

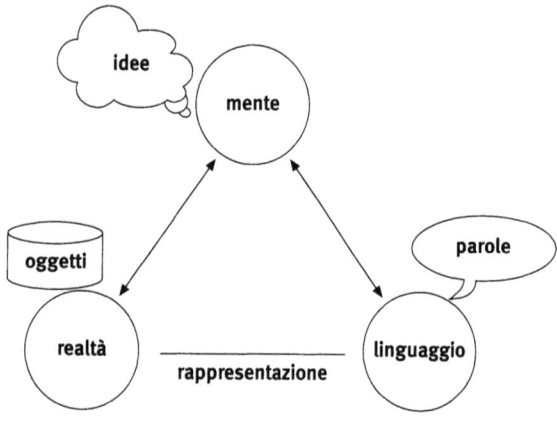

Figura 2

L'*idea*, la *forma* è stata la base dell'aristotelismo e del pensiero medievale, ed è sopravvissuta nella scienza moderna nella forma del *modello* geometrico e meccanico, fino a recedere nel nostro secolo con il neo positivismo, l'anti mentalismo e soprattutto oggi con l'Intelligenza Artificiale. Questo tramonto della "mente" come mondo autonomo riduce il *triangolo semiotico* alla semplice corrispondenza, sancita nella fisica moderna come nella matematica formale e nella computer science, tra *sintassi* e *semantica*, nota tout court con il nome di *rappresentazione* o della sua inversa, la *interpretazione*.

Probabilmente la soluzione ai problemi della rappresentazione più diffusa nella scienza attuale è quella di considerare il legame tra leggi sintattiche e fenomeni naturali garantito dalla riduzione a *misura* della "osservazione". Ma la "misura" altro non è che percezione di "segni" su strumenti, e quindi l'accordo "sperimentale" ci dice solo che c'è concordanza tra i segni ottenuti dalla manipolazione sintattica delle "leggi di natura" e quelli percepiti su tali strumenti in posti "speciali", detti *laboratori*, che sono quanto di più artificiale e meno "naturale" esista sulla faccia della terra. Come questo possa avere qualcosa a che fare con la realtà "naturale" ripresenta tutti i problemi a cui si accennava sopra.

Il processo di "smantellamento della mente" non può quindi non riproporre dilemmi su cui, come vedremo, si fondava la riflessione platonica: così nel dibattito sulle "reti neurali", che garantisce in fondo una rappresentazione "naturale" e "adattiva" alla realtà esterna, collegabile a livello neuronico alla semplice percezione visiva, ci si chiede oggi come da tale rappresentazione "subsimbolica" possa "emergere" evolutivamente una rappresentazione "simbolica", "sintattica" nella nostra accezione.

Sono così a confronto, in questa discussione, due *metafore della conoscenza*, la prima "mimesi", centrata sulla rappresentazione *sintattica* e *formale*, la diremo la "metafora dello scrittore", la seconda basata sulla rappresentazione *iconica* e *naturale*, la diremo la "metafora del pittore" (e in questo saggio la consideremo non problematica, ma questa semplificazione non è del tutto corretta [2]).

Questa doppia metafora nel dibattito attuale sulla "rappresentazione" si trova esplicita in molti passi platonici: "Talvolta mi sembra che la nostra anima assomigli ad un libro. Mi sembra che la memoria combinandosi alle sensazioni (...) scrivano quasi delle parole nella nostra anima (...) anche un altro artefice si trova nelle nostre anime. Un pittore, che dopo lo scriba traccia (γραφει) nell'anima un'immagine (εικονας) di quelle cose che sono state dette (λεγομενων)" (*Filebo* 38e-39b).

Abbiamo così oggi un doppio problema: da un lato giustificare la natura sintattica della conoscenza e intelligenza umane, dall'altro spiegare l'"emergenza" di tale tipo di conoscenza a partire da forme più semplici di tipo iconico. Sono problemi fondamentali su cui è difficile dire qualcosa di nuovo, ma può essere utile analizzare, o anche solo descrivere, l'apparire del *pensiero formale* e delle sue "questioni" sulla scena della civiltà europea.

Alla periferia della scienza europea troviamo zone dove, del pensiero formale, si perdono le tracce. Il bambino di Piaget arriva al pensiero formale lentamente tra i 6 e gli 11 anni, ed in modo in fondo abbastanza misterioso anche se la *scuola* sembra giocarvi un ruolo decisivo; il Bororo di Levi-Strauss [3] o l'uzbeco di Lurija [4] ne appaiono fuori, Levi-Strauss insiste che non si tratta di "illogicità" ma di una logica "concreta" al posto di una logica "formale", e Lurija mostra l'apparire del pensiero formale al seguito della scolarizzazione di massa; possiamo dire pochissimo di egizi e babilonesi, ma della civiltà cinese cominciamo a sapere qualcosa di preciso anche sul versante scientifico: si è trattato di una grande civiltà, anche dal punto di vista scientifico e tecnologico, fino a tre o quattro secoli fa confrontabile se non superiore a quella occidentale, ma appare chiaro che aspetti essenziali del "pensiero formale", come l'abbiamo caratterizzato precedentemente, le sono restati estranei, almeno fino all'arrivo degli occidentali.

Credo in definitiva che il *pensiero formale sia nato "una volta sola"*. È il pensiero greco il luogo dove possiamo rilevarne l'emergenza. Da qualche parte tra Omero e Aristotele: molti direbbero il V secolo. Le prime tracce forse in Pitagora e Parmenide; uno sviluppo complesso in Platone fino ad una forma in Aristotele destinata a durare per quasi due millenni; il Rinascimento, fino a Galileo e Leibniz, è occasione di una sua ridefinizione e infine il XX secolo, da Hilbert a Turing e alla computer science, ne segna l'ultima evoluzione.

Se assegniamo a Parmenide la "release" 1.0 del pensiero formale, e ad Aristotele la 1.2, possiamo analizzare la 1.1, assegnata ai Sofisti e a Platone, come una release che restò non ben definita, quasi allo stato di prototipo, profondamente problematica, il "luogo" in cui osserviamo il pensiero formale *in statu nascendi*, e quindi forse quello dove possiamo trovare più spunti per l'indagine sui problemi attuali.

Quali forze segnano questo emergere intorno al V secolo? L'affermazione definitiva dell'economia basata sulla moneta, della città e della sua scuola, degli intellettuali come ceto laico, del crollo della famiglia allargata, della scrittura alfabetica. Di questa specie di "melting pot" forse l'aspetto che ci interessa sottolineare, visto che dobbiamo studiare i "segni", è il ruolo pervasivo della *tecnologia alfabetica*. Del resto diversi autori hanno sottolineato il ruolo decisivo delle forme linguistiche e del medium comunicativo nella stessa "forma" di una civiltà: da von Humboldt alla cosiddetta "ipotesi di Whorf-Sapir" sino, in tempi più recenti, a Havelock, MacLuhan, Goody, Ong.

Anche l'*alfabeto è nato "una volta sola"*: tutti gli alfabeti sembrano essere derivati direttamente o indirettamente da un proto-alfabeto nato tra il Sinai e la Fenicia nel II millennio a.C. e poi perfezionato dai greci.

Nei linguaggi non alfabetici la scrittura può essere letta, ma il linguaggio orale resta sostanzialmente autonomo: la scrittura cinese è la stessa per i diversi dialetti parlati in Cina, cosicché persone colte parlanti lingue diverse potevano condividere la stessa letteratura, e i più antichi reperti di scrittura egiziani e mesopotamici trattano aspetti estranei all'uso orale e comune del linguaggio, quali le vittorie dei faraoni o l'amministrazione del tempio.

L'alfabeto crea invece il *linguaggio* come entità unica con due diversi "media" espressivi, il parlato e lo scritto, e questa è la condizione necessaria per il passaggio da culture "orali", in cui cioè la riproduzione culturale di massa è legata alla trasmissione orale centrata sulla memoria, a culture "della scrittura" in cui invece la forma letteraria domina la riproduzione culturale. L'alfabeto nasce quando "ciò che viene detto" comincia a sovrapporsi a "ciò che viene scritto".

Questo si realizzò soprattutto in Grecia tramite una diffusione relativamente "di massa" della scrittura realizzata soprattutto tramite la nascita della *scuola* in senso moderno, centrata non più su musica e ginnastica, ma sulla *manipolazione dei segni*, cioè "leggere, scrivere e far di conto". Sullo sfondo di questo processo la nascita della polis e della democrazia greca.

Se guardiamo ai "segni", possiamo osservare che in una società orale il "discorso" è tutto il linguaggio inteso come nucleo della struttura sociale, compresa la cultura di massa relegata alla tradizione orale e alla memoria, e la scrittura è limitata alla registrazione e all'amministrazione, patrimonio di un ceto intellettuale di dimensioni ridotte e funzionalmente legato al governo e alle attività religiose. I "segni" dei linguaggi pre-alfabetici (pittografici o ideografici) sono legati alla semantica, anche se fenomeni come il "prestito fonetico", in cui un concetto è scritto con un simbolo denotante un concetto diverso ma di simile pronuncia, mostrano l'esistenza di un qualche legame tra oralità e scrittura.

L'alfabeto crea invece un legame indissolubile tra la comunicazione sociale e il regno dei segni, estendendo l'uso della scrittura dai suoi iniziali usi amministrativi e religiosi alla politica, alla legislazione, alla cultura di massa. Il linguaggio che, nelle culture orali, era qualcosa di "continuo" (il Nambikwara di Levi-Strauss [3] tenta di "scrivere" tracciando una linea continua ondulata, e le metafore del linguaggio in Omero, Esiodo e ancora in Platone sono soprattutto di qualcosa che "fluisce") diventa "discreto" (solo a partire da Aristotele il linguaggio orale, tramite la *voce*, φωνη, è considerato esplicitamente una grandezza discreta).

La coincidenza tra segni scritti e discorsi orali è il nucleo della idea stessa di *rappresentazione*, in cui l'antico evento sociale linguistico si spezza in due mondi autonomi, un "mondo di segni", il *linguaggio*, convenzionale ed interpretato da "regole", che si lascia "scrivere" e "parlare", e che deve riflettere un "mondo di cose", sordo e muto, la *realtà*, che si lascia "rappresentare".

Nella "penombra" del pensiero formale il *segno* era invece *simbolo*, portatore di un potere efficace o costitutivo della stessa realtà, qualcosa che non ha niente di "convenzionale" e la cui interpretazione non è "regola", ma *sapienza*: nel pensiero cinese classico, in Europa nelle tradizioni magiche, cabalistiche ed ermetiche, e anche in Grecia da Pitagora sino anche al *Timeo* platonico, il *simbolo* è parte integrante ed efficace del *reale* e del *sapere*.

Qui si coglie un aspetto essenziale del "pensiero formale" e della "rappresentazione sintattica" nella nostra tradizione scientifica: il *linguaggio* e la *realtà* costituiscono due universi del tutto *autonomi* e *speculari*. Il *linguaggio*, del tutto privo di funzioni "efficaci" sul reale, lo può rappresentare "totalmente" e questo ne fa lo strumento della conoscenza scientifica ed il "luogo" della stessa *verità*; la *realtà*, del tutto immune all'azione magico-simbolica, è *rappresentabile*, ma completamente indipendente dall'azione del soggetto conoscente e totalmente composta di "oggetti".

Nella cultura greca classica l'intera struttura del ceto e della funzione intellettuale viene stravolta dal ruolo sempre più rilevante assunto dalla scrittura. Di questo cambiamento epocale si sente l'eco nelle parole di Platone, nel *Fedro* (274b-275c), intorno al mito sull'invenzione della scrittura (oltre che della matematica e dei giochi combinatori) da parte del dio greco Theuth. Il dio mostra a re Thamus di Tebe le sue invenzioni e ne vanta l'utilità: "Ma quando giunse alla scrittura, Theuth disse: - Questa dottrina, o re, renderà gli egiziani più sapienti e più capaci di ricordare (μνημονικωτερους), perché con essa si è ritrovato il farmaco della memoria (μνημης) e della sapienza -. E il re rispose: "O ingegnosissimo Theuth, c'è chi è capace di creare le arti e chi invece è capace di giudicare quale danno o quale vantaggio ne ricaveranno coloro che le adopereranno. Ora tu, padre delle lettere, per affetto hai detto proprio il contrario di quello che essa vale. Infatti la scoperta della scrittura avrà per effetto di produrre la dimenticanza (ληϑην) delle anime di coloro che la impareranno, perché, fidandosi della scrittura, si abitueranno a ricordare dal di fuori mediante segni (τυπων) estranei, e non dal di dentro e da se medesimi: dunque tu hai trovato non il farmaco della memoria (μνημης), ma del richiamare alla memoria (υπομνησως). Della sapienza poi tu procuri ai tuoi discepoli l'apparenza (δοξαν), non la verità (αληϑειαν): infatti essi divenendo per mezzo tuo uditori di molte cose senza insegnamento, crederanno di essere conoscitori di molte cose, mentre, come accade per lo più, in realtà non le sapranno; e sarà ben difficile discorrere con essi, perché sono diventati portatori di opinioni invece che sapienti".

L'altra faccia del mondo dei segni è la *matematica*, l'altro grande dono del dio egizio. Il Pitagorismo rivela del resto quando profonda sia stata la relazione tra la matematica e gli inizi della filosofia greca, e anche nella matematica greca si rivela la transizione da una mimesi "iconica" a una mimesi "sintattica". Una possibile natura "iconica" del rapporto originario tra matematica e realtà si può riconoscere in parte della tradizione pitagorica: dai numeri "figurati" (triangolari, quadrati, gnomoni ecc.) alle costruzioni di Eurito che diceva 250 la definizione dell'uomo poiché era in grado di costruire con 250 sassolini una figura umana ([5], 45,3), e l'etimologia dei termini geometrici rivela l'antica base "visiva" della geometria greca ("dimostrazione", "teorema" sono διαγραμμα, θεωρημα, αποδειξις, tutti termini di origine "visuale"); del resto in una "rappresentazione iconica" le regolarità numeriche (in astronomia, musica ecc.) non possono non implicare una presenza *immanente*, come quella pitagorica, del numero nella natura.

Ma è nella geometria euclidea, nella sua natura "sintattica", nel metodo assiomatico-deduttivo di Aristotele ("assioma", "postulato", sono αξιωμα, αιτημα, στοιχειον, tutti termini di origine "dialettica" o "alfabetica") il punto di approdo della evoluzione della matematica greca e il punto di partenza del suo ruolo nella storia della scienza moderna. Sarebbe troppo lungo anche solo accennare a tale immensa costruzione, e ci limiteremo allora solo agli aspetti elementari del concetto di *numero* e del *segno* numerico.

Nelle civiltà del Medio Oriente, come in Cina, i numeri erano da un lato parole del linguaggio orale e dall'altro segni scritti. Questi ultimi sembrano essere stati costruiti secondo lo schema generale di costruzione della scrittura pre-alfabetica, come icone degli oggetti di calcolo, dita, pietruzze, cerchi, bastoncini, mani ecc., con tracce probabili di prestiti fonetici. Come parole i numeri erano credibilmente sempre "numeri di...", potremmo dire aggettivi o determinativi, e anche in greco 1, 2, 3, 4 erano declinati per genere e caso, e, da φιαλη, "coppa", si derivava φιαλιτης, "numero di coppe". Il numero aveva cioè da un lato un carattere *semantico-computazionale*, dall'altro la natura di attributo *cardinale* di un insieme di oggetti. Anche in Platone αριθμος significa talora semplicemente "insieme" ed è considerato attributo necessario di tutto ciò che esiste.

Nella matematica greca accade tuttavia qualcosa di particolare: esistono due sistemi di segni numerici. Il primo, detto "erodianico", assomiglia al sistema romano, con bastoncini per le unità e segni ricavati dalla iniziale della parola per 5, 10 ecc. e gli altri numeri ottenuti per giustapposizione. Il carattere "semantico" e "cardinale" si riflette nella esistenza di segni misti di numeri e unità di misura, così "5 talenti" è rappresentato da una Π, iniziale di πεντε, con all'interno una T, iniziale di ταλαντον.

Il secondo sistema, anch'esso antico, non ha analoghi non greci ed è costruito direttamente a partire dall'alfabeto greco esteso con tre antiche lettere fenicie per ottenere un totale di 27 segni. I primi nove indicano i primi nove numeri, i successivi nove le decine da 10 a 90, gli ultimi nove le centinaia da 100 a 900. I numeri intermedi si ottenevano per giustapposizione e venivano introdotti "apici" per numeri maggiori di 999. Gli storici della matematica non hanno dato in genere grande rilievo a tale sistema, forse anche perché lo hanno giudicato spesso tecnicamente inferiore ai più antichi sistemi medio orientali: imbarazzante situazione per il sistema numerico con cui si esprimeva la grande matematica greca!

Una più equilibrata valutazione rivela tuttavia svantaggi e vantaggi. Per quanto riguarda la nostra analisi, dobbiamo soffermarci soprattutto sulla natura dei segni. Il sistema erodianico riflette l'uso dell'abaco anche nel fatto che semplici somme o sottrazioni si potevano ottenere per semplice giustapposizione o eliminazione di segni: ΠIII più II dà ΠIIII. Questo non accade nel sistema alfabetico, ove ς più β dà ϑ. La base semantica-computazionale è abbandonata. D'altra parte il sistema dei segni numerici si ricostruisce invece sulla struttura "ordinata" dell'alfabeto e viene appreso in un approccio unitario con la manipolazione di segni: così il numero assume un nuovo carattere *ordinale* e puramente *sintattico*. L'importanza di questa connessione si rivela nel fatto che la parola greca per "lettere" dell'alfabeto è στοιχεια, etimologicamente legata all'idea di "elementi di una fila ordinata", che si traduce oggi anche come "elementi" e verrà usato, a partire dall'epoca platonica, per indicare gli elementi base della realtà e i principi delle dimostrazioni (come nel titolo dell'opera di Euclide), sostituendo i più antichi termini per indicare i "principi", αρχαι della realtà, che rivelavano una chiara origine biologica (ριζωατα "radici" in Empedocle, σπερματα "semi" in Anassagora).

E poi lettere saranno usate da Euclide per rappresentare punti e segmenti, da Aristotele per indicare termini del sillogismo, da Diofanto per indicare le prime notazioni algebriche. La matematica greca userà il sistema alfabetico, mentre quello erodianico sarà più usato per pesi e somme di denaro: il doppio sistema di segni ci lascia intuire come la netta opposizione in Platone tra la matematica dei "filosofi" e quella dei "bottegai" avesse radici profonde nella cultura greca e non fosse solo un "misticismo" pitagorico.

Ma quale è la reale portata della emergenza di una concezione specificamente "ordinale" del numero? Piaget ha mostrato quanto l'idea "ordinale" sia importante per dare al bambino un concetto "maturo" di numero, ed anche la matematica moderna ha rivelato il carattere cruciale di tale concetto. Occorre anche osservare come nel V secolo il concetto di "infinito" assume il suo carattere prettamente quantitativo, per addizione con Archita e per divisione con Anassagora ed Eudosso: in entrambi i casi si tratta di un infinito "potenziale", legato cioè in fondo all'idea "ordinale" di numero. Non casualmente l'idea di infinito sembra del tutto assente nella matematica egizia, babilonese ad anche cinesi: l'idea di infinito numerico o geometrico è forse la novità più rilevante del pensiero matematico greco. Del resto anche il bambino concepisce l'infinità dei numeri quando si accorge che non c'è un limite al continuare a contare. Effetto di questa nuova idea di numero è anche la terribile idiosincrasia del pensiero greco verso lo *zero*, che nei sistemi semantici-computazionali poté anche trovare qualche forma di espressione, ma che fu del tutto rifiutato dalla matematica greca.

E la matematica moderna, da Cantor e Frege alla computer science, con la *aritmetizzazione della sintassi*, la *logica matematica* e i *linguaggi di programmazione*, ha rivelato la ricchezza della connessione tra sistema numerico ed alfabeto soprattutto nella idea che il *numerabile* si caratterizza come la codifica possibile di qualsiasi insieme di elementi finitamente esprimibili in qualsivoglia *alfabeto*, e viceversa che il numerabile possa essere codificato in qualsiasi *alfabeto*.

Forse la più antica enunciazione dell'idea di rappresentazione sintattica è nella frase che Michele Psello attribuisce al poeta Simonide (fine VI - inizio V sec. a.C.): "la parola è l'immagine (εικον) della realtà". Il termine per "immagine" richiama la mimesi visiva, "iconica" appunto. È Simonide un poeta "moderno", che dice "la poesia è pittura parlante, la pittura è poesia silenziosa". Questo sembrerebbe oggi un po' banale, ma all'epoca poeti e pittori erano figure profondamente diverse. Questi ultimi erano solo artigiani, spesso anonimi, portatori di una conoscenza solo tecnica, una επιστημη, e la loro mimesi era di natura "visuale", mentre il poeta in una cultura orale era una figura di primo piano nella struttura sociale, e le sue capacità mnemoniche erano lo strumento di trasmissione della cultura di massa, di natura "linguistica".

Il poeta anzi era lo strumento delle *Muse*, le quali erano le vere depostarie della Verità (αληθεια), sia di quella verità depositata nei miti che dava conto della genesi e della natura del cosmo, sia di quella verità più concreta, di cui i miti davano le ragioni ultime, che dominava la vita produttiva e sociale di ogni giorno. Esiodo nei suoi versi ricordava la prima nella sua *Teogonia* e la seconda nelle *Opere e giorni*. Così le costellazioni hanno il nome degli eroi e ricordano i loro miti, ma sono nel contempo i luoghi della organizzazione del tempo del lavoro e della vita sociale. E così Omero era

la figura dominante del panorama culturale ancora al tempo di Platone e anche lui richiamava le Muse a ricordargli le opere di Achille e Ulisse.
Per Simonide invece la memoria diventa già "mnemotecnica", scrive e anzi riforma l'alfabeto, e la sua figura è del tutto laica, addirittura venale, se è vero quanto racconta Aristotele nella *Retorica* che, richiesto, per un piccolo compenso, di una poesia per celebrare delle mule vincitrici di un premio, si sia schermito con la scarsa poeticità delle mule, ma che, quando il compenso fu elevato, abbia intonato: "O voi, figlie dei destrieri dai piedi veloci come il vento...". Ma è soprattutto grande poeta, autore dell'epitaffio per i caduti alle Termopili, "O tu che passi di qui, vai a dire agli Spartani / che noi, obbedendo alle loro leggi, qui giaciamo": così sono i morti e le loro tombe che parlano attraverso la scrittura, con lo stile della invocazione personale, cioè con il più puro stile dell'oralità.

All'alba della civiltà moderna la scrittura delinea un nuovo rapporto tra Verità e Conoscenza, tra "verità raccontata" e "realtà vista"; un rapporto non più centrato sul mito e sulla memoria, ma sulla capacità di un linguaggio di "rappresentare sintatticamente" un mondo di oggetti e fatti. Ma il mondo del mito e quello della vita di ogni giorno mostrano un comportamento opposto rispetto alla *negazione* e al *divenire*.
I miti, e la loro verità "ricordata e narrata", erano per loro natura descrittivamente genetici e positivi, anche se spesso concretamente incoerenti o assurdi, come i sogni. Il linguaggio quotidiano invece descriveva una realtà praticamente coerente, ma soggetta al divenire e quindi linguisticamente sempre minacciata dalla contraddizione. La possibilità che il linguaggio riuscisse a mediare tra Verità e Conoscenza si poteva realizzare in due modi: o accettare il linguaggio nella sua forma "naturale", come un infinito territorio già dato e da esplorare, e quindi fare della Falsità qualcosa di linguisticamente impossibile e della Verità qualcosa di linguisticamente contradditorio, oppure considerare il linguaggio qualcosa da ricostruire con lo scopo di renderlo capace di "fissare" la realtà eliminandone la natura contradditoria. Entrambe le soluzioni avevano un prezzo.
La prima era la soluzione di Eraclito e il suo prezzo era il "paradosso del divenire": *se ogni cosa è in divenire e se la conoscenza deve essere linguisticamente stabile, allora non è possibile trovare una conoscenza che si possa "dire"*. Con le parole del *Teeteto* platonico, riflesso di opinioni sostenute da Protagora e largamente diffuse tra i Sofisti: "Nulla agisce prima di aver incontrato ciò che subisce, e nulla subisce prima di aver incontrato ciò che agisce (...) Niente è in sé e per sé un'unica e medesima cosa, ma tutto diviene in relazione a qualcos'altro: la parola "essere" va bandita da ogni espressione" (*Teeteto*, 157a-b).
La seconda soluzione era quella di Parmenide e il suo prezzo era il "paradosso del giudizio negativo": *se un'affermazione corrisponde ad un fatto che è, allora una negazione corrisponde a qualcosa che non è, ma una frase su ciò che non è è intorno al nulla e quindi impossibile*.
L'uomo europeo e la sua scienza sono il frutto della scelta della seconda soluzione, una scelta che consisteva nella costruzione del *pensiero formale*, e con l'apparire al suo interno dei paradossi del non-essere. Platone nel *Sofista* (235d-236c) cerca di definire appunto il "sofista", e in questa ricerca lo vede "nascondersi" dentro la doppia "mimesi" di cui abbiamo parlato, tra quella "icastica" (εικαστικη), della "copia" esatta, e quella "fantastica" (φανταστικη), della "apparenza". Se la prima mimesi appare "pittorica" la seconda ha invece caratteri "linguistici": "Apparire (φαινεσθαι), sembrare (δοκειν) e non essere; il fatto che si possa dire una cosa e che questa cosa non sia vera, sono tutti problemi di straordinaria difficoltà; lo sono stati nel passato e lo sono tuttora. Come possa uno parlando dire qualcosa di falso e pensare che questo qualcosa veramente esista e, dicendo questo, non ritenersi in contraddizione, mi sembra estremamente difficile capire (...) il nostro discorso ha osato ammettere che il non-essere è: non altrimenti infatti il falso potrebbe esistere, se esiste" (*Sofista* 236e-237a).
Esistono almeno due fenomeni linguistici che entrano pesantemente nel ruolo e nell'evoluzione del "paradosso del giudizio negativo", e danno al

paradosso nella cultura greca una "profondità" che oggi non avrebbe: in primo luogo il verbo "essere", ειμι, che da un antico valore indo-europeo di aspetto dinamico: "apparire", acquista un nuovo senso prevalentemente statico: "essere stabile". E non si può non sottolineare il legame tra questa accezione statico-locativa e il valore fondamentalmente statico essenziale per i concetti di predicazione, asserzione di verità, fatto ed esistenza. Un nesso che appare, nella antica filosofia greca, decisivo per l'analisi del rapporto tra il "divenire" e la stessa possibilità della sua descrizione, e che, viceversa, fa del permanere dell'essere la condizione necessaria del conoscere ([6] p. 415).

Il tema doveva anche diventare parte di quella diffusione "popolare" del dibattito filosofico, testimoniata soprattutto dalle commedie di Aristofane. Così all'inizio del V secolo, Epicarmo ([5], 23), inventore della commedia dorica, faceva del "paradosso del divenire" il "luogo comune" di effetti comici, come quando raccontava del debitore che rifiutava di riconoscere il suo debito in quanto, in un approccio eracliteo, "non era più lo stesso".

È soprattutto chiara l'incapacità nella cultura greca arcaica di "tematizzare" la possibilità stessa della "ambiguità" del verbo *essere*, così che il "non essere qualcosa" non poteva evitare di essere un "non essere". La disambiguazione dei diversi usi di tale verbo, e di diversi altri termini del lessico filosofico, si realizza infatti solo con il V libro della *Metafisica* di Aristotele (vi sono opinioni divergenti sulla presenza, anche in un testo "moderno" come il *Sofista* platonico, di una disambiguazione degli usi esistenziale, copulativo e identificante del verbo). Per comprendere quanto rilevante e necessaria fosse la "ristrutturazione" del campo semantico del verbo "essere", basta considerare i diversi usi odierni del verbo in logica e teoria degli insiemi:

- relazione predicato-argomento, p(a) (a **è** p),
- appartenenza, a ∈ A (a **è** un A),
- inclusione A ⊆ B (gli A **sono** B),
- identità, a = b (a **è** b),
- quantificazione esistenziale, ∃ x (c'**è** un x),
- verità, dimostrazione, |-P, |=P, (e così **è** P, è il caso che P, P **è** vero).
- relazione di luogo, stare (Giovanni, Roma) (Giovanni è a Roma)

Un uso non disambiguato del verbo "essere" richiederebbe allora l'unificazione di tali notazioni, e renderebbe di sicuro del tutto impossibile la matematica formalizzata moderna!

L'altro fenomeno linguistico riguarda l'origine "visuale" dei vocaboli greci di conoscenza: ιδειν, ειδος, νοειν, θεωρια, αποδειξις. Tutti verbi esprimenti "visione" e progressivamente divenuti espressione della conoscenza anche "teoretica". Un'accezione "visiva" della conoscenza implica la quasi coincidenza tra "pensare ciò che non è" e "vedere ciò che non è", e quindi il carattere "devastante" del paradosso: "(...) È possibile che un uomo pensi ciò che non è (τις ανθρωπων το μη ον δοξασει) (...) Ci sono forse altri casi in cui si verifica una situazione del genere? Sì, che qualcuno vede qualche cosa ma non vede nulla (τις ορα μεν τι ορα δε ουδεν)" (*Teeteto* 188e).

È quindi Parmenide il vero padre del pensiero formale, a lui possiamo ascriverne la release 1.0: "infatti identico è il pensare e l'esistere" ([5] 28. 3,1); "è necessario che il dire e il pensare siano l'essere" ([5] 28. 6,1).

E la necessità di trovare qualcosa di stabile nel flusso del divenire come condizione necessaria per una conoscenza esprimibile linguisticamente causa l'immediato apparire del "paradosso del giudizio negativo": "le vie di ricerca pensabili: l'una, che è e non è possibile negare, è la via della Persuasione (che segue alla Verità); l'altra, che non è e che è necessario negare, questo ti dico è un sentiero del tutto indagabile. E infatti non puoi né pensare né dire ciò che non è (non è infatti possibile)" ([5] 28. 2,3-8).

E ancora: "Non ti permetterò né di dire né di pensare ciò che non è. Infatti non si può dire né pensare ciò che non è" ([5] 28. 8,7-9).

La soluzione, o meglio, la semplice "rimozione", del paradosso deve essere ascritta ad Aristotele, la cui release 1.2 del pensiero formale durerà incontrastata per duemila anni, fino alla nascita della scienza moderna. La "soluzione" aristotelica era basata su due grandi "novità": da un lato l'*anima* con le sue *idee* creava un ponte sufficientemente "lungo" per connettere il mondo dei segni e quello reale, cercando di distinguere tra funzioni *soggettive*, quali il "dire" o il "pensare" e funzioni *oggettive* quali il "vedere" o l'"essere"; è un passaggio che compare già in Platone: "(...) l'anima è il principio del conoscere mentre l'essere è ciò che viene conosciuto (την μεν ψυκην γιγνωσκειν, την δ ουσιαν γιγνωσκεσθαι)..." (*Sofista*, 248a), e nel *Teeteto* l'anima, non gli occhi, possono "percepire" concetti quali *essere*, *uguale* e gli altri concetti numerici; l'altra novità era la risoluzione della opposizione tra realtà continua e linguaggio discreto, l'introduzione delle idee di *significato* e *verità* "sintattica", con la conseguente possibilità di disambiguare verbi come "essere" in un nuovo lessico filosofico. Prima di Aristotele e dopo Parmenide ci sono i Sofisti, Socrate e Platone che si adoperarono intorno ad una release 1.1 che rimase sempre un "work in progress" centrato sulla soluzione dei paradossi del pensiero formale, in primo luogo quel "paradosso del pensiero negativo" che Platone nel *Sofista*, (238 d2), definisce "la prima e più grande delle aporie", e che poneva le basi per la "soluzione" aristotelica.

I paradossi dei Sofisti non erano segno di stupidità né di ignoranza né di disonestà intellettuale, ma erano l'espressione autentica del pensiero formale in statu nascendi. In Platone e Aristotele è facile ritrovarli e verificarne la connessione con gli aspetti linguistici ai quali sopra si accennava. Così, la natura "visiva" dei verbi di conoscenza era quasi un luogo comune e porta Platone a far dire al giovane matematico Teeteto, sulla scia di Protagora: "(...) scienza non è altro se non percezione (...)" (*Teeteto*, 151e), e a far osservare a Socrate: "Una percezione è sempre percezione di ciò che è e non può essere falsa, dato che è scienza" (*Teeteto*, 152c), facendo eco alle parole di Antifonte: "Ciò che è, è sempre visto e conosciuto, ciò che non è, né visto né conosciuto"; e il paradosso del giudizio negativo investe la stessa possibilità di acquisire conoscenza: "E in che modo cercherai, o Socrate, ciò che non sai assolutamente cosa sia? Quale delle cose che non sai proporrai come oggetto della tua ricerca? E se poi, nel migliore dei casi, la incontrassi, in che modo capirai che questa cosa è ciò che tu non sapevi? (...) ciò che sa non lo cercherebbe, perché lo sa e non ha alcun bisogno di cercarlo, né ciò che non sa, e infatti non sa neppure cosa cercare" (*Menone*, 80e).

La conoscenza "sintattica", diversamente da quella "iconica", deve fare i conti con la negazione, il falso, l'errore. Cercando di caratterizzare la "saggezza", σωφροσυνη, con le parole di Socrate: "Una sola scienza, la quale non è scienza di nient'altro se non di se stessa e delle altre scienze e nello stesso tempo anche della mancanza di scienza" (*Carmide,* 167b-c).
Ma se tale scienza fosse "iconica" sarebbe allora: "(...) una vista che non sia la vista di quelle cose di cui ci sono altre viste, ma che sia la vista di se stessa e delle altre viste e allo stesso modo della assenza di vista" (*Carmide* 167c).

Appaiono poi i sofismi legati alle "relazioni binarie": "questo cane è padre, questo cane è tuo, quindi questo cane è tuo padre" (*Confutazioni sofistiche*, 179 a 34). È rilevante come i paradossi legati alla ambiguità del verbo "essere" e alle relazioni binarie abbiano un immediato carattere matematico. Ad esempio, nelle *Confutazioni sofistiche* Aristotele riporta alcuni paradossi classici: "Due è il doppio di uno ma non il doppio di tre, quindi due è doppio e non doppio" (167 a 29), "Cinque è due e tre, quindi cinque è pari e dispari" (166 a 33). E Platone scrive: "Abbiamo una caratteristica che né io ho posseduto né ho, e che nemmeno tu hai, (...) ciascuno di noi fosse uno, ma entrambi non fossimo ciò che era ciascuno di noi, poiché non siamo uno ma due" (*Ippia Maggiore,* 300e-301d).
E ancora: "Quando tu sostieni che Simmia è più grande di Socrate ma più piccolo di Fedone non finisci per dire che in Simmia sono entrambe le cose, sia la grandezza che la piccolezza? (...) Simmia non supera Socrate di natura, ovvero in quanto è Simmia, ma in quanto possiede accidentalmente la qualità della grandezza" (*Fedone,* 102b), ritrovando quelle difficoltà dell'idea di rappresentazione, accennate all'inizio di questo saggio. Credo che

queste difficoltà siano state l'obiettivo dell'intera opera platonica, almeno per il versante epistemologico, e nel seguito ne analizzeremo tre: l'opposizione *naturale/convenzionale* per il linguaggio, il "paradosso del giudizio negativo" in matematica e il ruolo del *numero* nella costruzione della dialettica.

Il *Cratilo* è l'opera in cui Platone affronta il problema del linguaggio. In esso egli fa da arbitro nel dibattito tra Ermogene e Cratilo: il primo sostiene la natura "convenzionale", il secondo quella "naturale" del linguaggio. Per Ermogene, essendo la relazione tra linguaggio e realtà solo convenzionale, non può esistere errore o falsità, ma tutto ciò che si dice è sostanzialmente "vero", echeggiando così temi protagorei. Per Cratilo invece, deve esserci una relazione naturale, una mimesi quasi "pittorica", tra realtà e linguaggio, e quindi le parole false non "rappresentano" nulla, non sono parole ma semplici rumori: riflettendo opinioni sostanzialmente eraclitee Cratilo nega quindi l'esistenza del falso nel linguaggio, ciò che si dice, se non "riflette" la realtà, è puro "rumore".

Platone sembra inizialmente favorire la soluzione di Cratilo, ma questo presenta subito un altro problema da noi già visto all'inizio di questo saggio. L'applicazione del linguaggio alla realtà, vissute entrambe come entità "fluenti", "continue", fa della idea stessa di *verità* una sorta di *adeguatezza iconica* della frase con la realtà, in cui la parte dell'immagine coincide con l'immagine della parte, e quindi: "E il discorso, quello vero, è tutto vero e le sue parti non vere? - O, no, vere anche le parti" (*Cratilo*, 385c). Così anche i nomi devono essere "veri-adeguati" oppure essere semplici "rumori". E la verità-adeguatezza di un nome si ottiene studiandone l'*etimologia*, cioè la "decomposizione" in parole più semplici: lo stesso nome di Ermogene non appare adeguato al suo portatore!

Tra l'altro le etimologie platoniche nel *Cratilo*, anche se poco fondate, rivelano interessanti aspetti del senso antico dei termini: così επιστημη viene detto derivare da πραγμασιν επομενης "segue le cose che sono in continuo moto" (412a), mostrando come ancora in Platone il termine rivelasse la sua origine nella conoscenza tecnica e pratica. Αληθεια, viene detta provenire da αλη θεια "agitazione divina", perdendo traccia della α privativa e rivelando la sua origine mitologica (421a). Ονομα da Ον ου ζητημα εστιν "ente di cui si fa ricerca" (421b), riflettendo il rapporto tra linguaggio e realtà caratteristico della idea parmenidea di "rappresentazione sintattica".

A sua volta la verità-adeguatezza della parola semplice si deve ridurre alla verità-adeguatezza delle sue lettere. Ma questo meccanismo non può, giunto alle singole lettere, non entrare in crisi, riflettendo la opposizione tra *continuo*, privo di "elementi" ultimi naturali finiti, tipico della realtà, e *discreto*, basato su elementi ultimi convenzionali, tipico del linguaggio nella forma alfabetica. La soluzione, adombrata in Platone ed esplicita in Aristotele, sarà distinguere tra *verità* e *significato*, e considerare entrambe proprietà predicabili solo al di là di una soglia, essendo la "proposizione" la *soglia* per la verità (non si può parlare di verità per le "parti", cioè nomi, verbi ecc., di una proposizione), ed essendo la "parola" la soglia per il significato (non si può parlare di significato per le "parti", cioè le singole lettere, di una parola).

La natura discreta del linguaggio permette anche la nascita dell'idea di "sintassi" e l'evoluzione dell'idea di verità da quella di semplice e uniforme *adeguatezza* al reale, che si trasformerà nell'idea aristotelica di *verità come corrispondenza* tra linguaggio e realtà, alla nuova idea di *verità sintattica* e *analitica*, "accordo" tra una *proprietà*, espressa dal verbo o dal predicato, e un *individuo*, espresso dal soggetto, che verrà sviluppata da Platone nel *Sofista*, sarà un punto chiave della μεθεξις, la "partecipazione" tra oggetti e idee, diventando un punto chiave della sua "teoria delle idee" e riapparirà, in tempi moderni, soprattutto in Leibniz.

Nel *Sofista* l'analisi del "paradosso del giudizio negativo" viene al centro dell'attenzione, e si avvia la prima forma di risoluzione del paradosso basata sul considerare il *non essere* solo "differente", e non "opposto", all'essere; più in generale iniziano una disambiguazione del verbo "essere" e l'analisi sintattica delle frasi.

È interessante osservare il legame esplicito tra il

paradosso e la difficoltà dei Greci a pensare il numero "zero", e come tale difficoltà e tale paradosso fossero connessi alla struttura del linguaggio: "Poni che uno alla domanda "a che cosa può essere riferito questo predicato, il "non essere" (το μη ον) osasse dare una risposta, ebbene, a quale oggetto e con quali determinazioni di quantità e qualità riferirebbe tale espressione? ... a ciò che noi indichiamo con l'espressione "ciò che è" (το ον) non può riferirsi il non essere, neppure a ciò che indichiamo con l'espressione "qualche cosa" (το τι) (...) il singolare (τι) è segno di una cosa, il duale (τινε) di due cose; il plurale (τινες) di molte cose. E devi ammettere che chi non dice "qualche cosa" (τι) non dice niente in assoluto. Inoltre non possiamo ammettere che questo tale "usi una espressione", ma non dica nulla; bisogna riconoscere che chi crede di dire ciò che non è, non usa espressione alcuna: non "dice" neppure..." (*Sofista*, 237c-237e).

Esistono singolare, duale e plurale, non esiste un "numero grammaticale" relativo all'assenza: la declinazione indo-europea si riflette sulla dicibilità del *non essere* come "molteplicità", e così l'impossibilità del *non essere* deriva alla stessa idea di rappresentazione tramite il linguaggio naturale, e questo a sua volta si riflette subito sul concetto di numero, nella sua accezione classica, cioè numero cardinale, "numero di...", attributo necessario di tutto ciò che "è": "Il numero, come complesso e totalità, noi lo consideriamo una cosa che è, quindi non potremo riferire a ciò che non è, né l'unità né la molteplicità degli altri numeri. Ma allora come potremo esprimere con parola pronunciata o direttamente cogliere con il pensiero una pluralità di cose che non sono (τα μη οντα) o una singola cosa che non è (το μη ον), se escludiamo il numero? D'altronde quando parliamo di qualcosa che non è non gli attribuiamo un numero, l'unità (το εν)? Eppure stiamo proprio dicendo che non è giusto né corretto attribuire ciò che non è a ciò che è, ragionando correttamente, non è possibile pronunciare, né dire, né semplicemente pensare il non essere in sé e per sé: esso è assolutamente impensabile, indicibile, impronunciabile, inesplicabile" (*Sofista*, 238a-238e).

Quanto profonda sarà questa difficoltà nei secoli successivi si può notare osservando come ancora Lorenzo Fibonacci nel suo *Liber Abaci*, introducendo il nuovo sistema numerico indo-arabo parla di "novem figure Indorum" e dell'"hoc signum 0", e come Leibniz nella sua *Dissertatio de arte combinatoria* asserisce che un insieme di 4 elementi definisce 15 "complessioni" (sottoinsiemi).

Con la nascita della matematica moderna il numero diventa "misura relativa", con lo 0 che funziona da spartiacque tra positivo e negativo, mentre "discreto" e "continuo" sono integrati nella rappresentazione decimale, così che ogni intero è un particolare numero reale e ogni numero reale è rappresentabile con una sequenza (infinita) di cifre o come limite di numeri razionali.

Nella matematica greca invece interi e frazioni sono i due mondi numerici che si contrappongono, spesso anche con base numerica diversa, 5 per il "contare", 12 per il "dividere", con l'1 che funziona come "seme" della opposizione e lo 0 che non ha semplicemente ragione di esistere. Sarà la scienza rinascimentale a superare l'idea del *divenire* come *contraddizione* e a farne invece una forma dell'*essere*, a fare così della *stasi* una forma del *moto*, e dello 0 un particolare numero e non la *negazione* dell'idea stessa di numero come molteplicità.

La difficoltà a raccordare la struttura continua della realtà e quella discreta del linguaggio si traduceva soprattutto nel problema degli *elementi*, στοιχεια, della loro "conoscibilità" e della loro funzione nel dare una struttura gerarchica e funzionale all'intera struttura della conoscenza, problemi questi evidenti soprattutto nel *Teeteto*, laddove Socrate/Platone riferisce di un "sogno" in cui: "(...) qualcuno sosteneva che gli elementi primi (πρωτα στοιχεια) di cui noi e il resto delle cose siamo formati, non avrebbero spiegazione (λογον). Che ciascuno di essi cioè in sé e per sé si potrebbe solo nominare, ma che impossibile sarebbe predicarlo d'altro, neppure dicendo che è o che non è. Così facendo infatti mi pare che gli sarebbe attribuito l'essere o il non-essere, mentre occorre al contrario non applicargli nessun'altra determinazione, se proprio quello in se stesso vogliamo indicare. E dunque nemmeno accostargli "esso stesso" né "quello" né "ciascuno" né "solo" né "questo" né alcuna altra determinazione del genere: questi attributi infatti si applicano a tutti i termini, pur essendo da loro diversi. Se invece fosse possibile esprimere proprio quell'elemento, cogliendone in tal modo la particolare spiegazione, allora bisognerebbe esprimerlo, senza aggiungervi alcuna determinazione. Ora risulta impossibile esprimere e cogliere attraverso una spiegazione anche uno qualsiasi di quegli elementi primi; non si dà infatti altra possibilità che nominarlo soltanto, dato che ha soltanto il nome. I nomi delle cose che da quegli elementi sono formate invece sono la loro spiegazione che risulta da un intreccio, così come prodotto di un intreccio sono quelle cose stesse: l'essenza della spiegazione infatti è un intreccio di nomi. Così quegli elementi primi sono privi di spiegazione e inconoscibili (αλογα και αγνωστα), pur essendo percepibili: le sillabe invece sono conoscibili, esprimibili e pensabili con opinione vera" (*Teeteto*, 201e-202b).

È il problema delle *primitive* di un linguaggio di rappresentazione. Se il significato degli enti sintattici complessi si ricava per via "composizionale" dal significato delle primitive, il significato di queste ultime deve essere in qualche modo *built-in*, cioè "non esprimibile" e "non computabile". In logica come nell'algebra e nei linguaggi di programmazione questo significa l'esistenza di costrutti (le "costanti logiche", le "operazioni algebriche" e le "istruzioni elementari") il cui significato non si presta a interpretazione e il cui funzionamento è dato per assiomatico o garantito dal compilatore o dalle regole.

I problemi aperti dall'idea "ingenua" di rappresentazione, la release 1.0 di Parmenide, sono così al centro dei dialoghi platonici, ma in tali problemi possiamo intuire un ruolo specifico per gli enti matematici. La connessione tra il concetto di numero e la strutturazione della dialettica platonica è stato il centro di una celebre indagine condotta, in un approccio husserliano, da Jakob Klein [7] nel 1934. È questa una intuizione profonda, anche se, husserlianamente, il ruolo strategico del "numero" per la creazione del pensiero formale finisce con l'esservi letto come una conquista ottenuta al prezzo della perdita della *naturale*, in realtà "cardinale", idea di numero ([7], 99). Cercheremo invece di indicare come tale "perdita", più che un "prezzo", sia la conquista dell'idea di *numero ordinale* e condizione necessaria per la nascita del pensiero formale e della stessa matematica moderna. Occorre a questo punto fare riferimento alla costruzione platonica di un *mondo di idee* per raccordare *realtà* e *linguaggio*. Abbiamo già notato all'inizio che questo costringe a fare delle *idee* degli anfibi tra una mimesi "iconica", farne cioè "immagini", e una "sintattica", farne sostanzialmente "parole". Così nel *Teeteto*, la "conoscenza dialettica" διανοια, parola che deriva da νοεω, verbo di natura "visiva", viene considerata un λογος, il "dialogo dell'anima con se stessa". Nel mondo delle idee l'idea di *bene* come il sole "illumina" le altre idee, segno di una metafora pittorica, ma nel *Fedone* (73d-75d) scopriamo che la relazione di *uguale* (ισος), che sappiamo di natura sintattica, appare svolgere un ruolo particolare: esso è infatti la pietra di paragone ideale di quella relazione di *somiglianza* (ομοιος) che hanno tra di loro gli oggetti reali che "partecipano" di una stessa idea: in un certo senso funziona come una *meta-idea*. Così la μεθεξις, poggia da un lato su una caratterizzazione "iconica" di rassomiglianza, dall'altro su una caratterizzazione "sintattica" di uguaglianza. Questa ambiguità è la condizione necessaria per il superamento dei problemi della "rappresentazione sintattica" considerati all'inizio di questo saggio, ma perché sia anche sufficiente occorre avviare a risoluzione i paradossi ad essa connessi.

Infatti le "idee" devono avere a che fare con la "verità" e con l'"essere" e quindi devono essere immuni al mutamento e alla contraddizione, ma nel contempo devono dare ragione della "conoscenza del reale" e quindi dare conto del divenire e della contraddizione: "Una cosa contraria (εναντια πραγμα) non può generarsi che da una cosa contraria, mentre un contrario in sé (αυτο το εναντιον) non può mai diventare contrario di se stesso" (*Fedone*, 103b).

Il *Teeteto* è anche il dialogo in cui Platone affronta

matematica e filosofia

il tema dell'*errore*. In una "rappresentazione iconica" l'errore è una differenza tra "percezione" e "memoria", tra quello che mi arriva tramite i sensi e quello che ho scolpito in una memoria organizzata come un "blocco di cera": vedo in lontananza Socrate e riconosco invece Teeteto nella figura che vedo. Ma come si fa a sommare cinque e sette ottenendo undici invece che dodici? I numeri sono perfettamente "ricordati", non vi sono percezioni in atto, eppure c'è l'errore. Se tutta la conoscenza, percezione e memoria, è solo *positiva* e il non-essere solo *differenza*, come nasce l'*errore* quando non si può parlare di differenza tra percezione e memoria o fra diversi ricordi? "Afferrare" il ricordo "sbagliato" richiede già in qualche modo la presenza dell'errore nel soggetto. Alla fine occorre accettare la presenza nel soggetto e nella memoria, accanto alle *conoscenze*, anche delle *non-conoscenze* (ανεπιστημοσυνας). E questo riapre il problema della negazione.

Ancora una volta è il "numero" il luogo in cui la mimesi iconica mostra la sua insufficienza a fondare una teoria della conoscenza, ed è l'errore, il non-essere, la negazione, il paradosso il punto in cui si blocca la release platonica nella costruzione della mimesi sintattica. Abbiamo già visto come i paradossi dei Sofisti potessero essere inquadrati in due schemi: il primo connesso alla relazione un-oggetto/molte-idee-predicate e molti-oggetti/un'idea-predicata che coinvolge la μεθεξις in prima persona; il secondo connesso al carattere delle relazioni binarie, tra le quali soprattutto quelle numeriche: uguale, diverso, maggiore/minore.

L'analisi di tali paradossi rivela il ruolo peculiare dei concetti matematici: ancora una volta il punto di partenza è la differenza tra una conoscenza puramente "visiva", "analitica" e strutturalmente sempre "positiva" ed una necessaria conoscenza "olistica" e "paradossale": "Alcuni oggetti nelle percezioni non invitano il pensiero alla riflessione, perché sono percepiti già in maniera soddisfacente dai sensi; altri invece esigono davvero il contributo del pensiero, perché i sensi non possono ricavarne nulla di valido (...) Le cose che non provocano la riflessione (τα ου παρακαλουντα) sono quelle che non provocano impressioni contraddittorie; queste ultime invece io le considero stimolanti (...). È dunque probabile che l'anima tenti di ricorrere al calcolo (λογσμον) e alla riflessione (νοησιν) per valutare se le informazioni ricevute dai sensi riguardino una cosa oppure due (...) il pensiero è costretto a distinguere il grande dal piccolo, non insieme ma separatamente, secondo un procedimento opposto a quello della vista" (*Repubblica*, 523b-524c).

Nella visione di un dito non vi può essere alcuna contraddizione, neanche nella visione di oggetti distanti o nei disegni, semplicemente non si può percepire la *negazione* di qualcosa. Il giudizio, soprattutto nella forma del *confronto*, è invece luogo canonico della *relazione* e dell'apparizione quindi a livello linguistico della contraddizione: essere nel contempo "grande" e "piccolo", "duro" e "molle" ecc. Quella "sintattica" è così una rappresentazione opposta a quella "iconica", ed è luogo in cui nasce il pensiero di fronte alla *negazione*. È quindi la *contraddizione* la fonte del pensiero.

Ma che ruolo gioca qui il numero? in *Repubblica* (524 d - 526 a): "Ma in quale delle due categorie rientrano il numero e l'unità? Se l'unità in sé (αυτο καθ' αυτο) si comprende adeguatamente con l'organo di senso, essa non può attirare verso l'essere (ουσιαν). Ma se genera sempre impressioni contraddittorie, così da non apparire unità più del suo contrario, il suo animo sarebbe costretto a dubitare e a valutare mediante la riflessione, e a chiedersi quale sia mai l'essenza dell'unità (αυτο τοεν). E così la conoscenza dell'unità potrebbe far parte di ciò che attira e volge lo spirito alla contemplazione dell'essere (την του οντος θεαν). E questo è vero soprattutto per la visione dell'unità; perché noi vediamo la stessa cosa come una e molteplice fino all'infinito nello stesso tempo (ταυτον ως εν τε οπωμεν και ως απειρα το πληθος). E ciò che vale per l'unità vale anche per gli altri numeri (...) Il calcolo e l'aritmetica attirano verso la verità (...) non per la compravendita come fanno commercianti e bottegai, ma per facilitare allo spirito il passaggio dal divenire alla verità dell'essere (απο γενεσεως επ αληθειαν τε και ουσαν) (...) comunica allo spirito un grande impulso verso l'alto e lo costringe a riflettere sulla natura dei numeri in se stessi(αυτων των αριθμων), senza mai accettare che si parli di numeri in riferimento a cose visibili e palpabili. Tu sai certamente che deridono chi tenti di dividere teoricamente l'unità in sé. E se tu la dividi essi la moltiplicano, consapevoli (ευλαβούμενοι) che l'unità non si rivela più una, bensì un aggregato di molte parti (...) Dove volete trovare l'unità che cercate, ognuna perfettamente uguale all'altra, senza nessuna parte che la componga? (...) si può solo pensare (διανοηθηναι) e non è possibile trattare in nessun altro modo (...) andare verso la verità unicamente grazie al puro pensiero (αυτη τη νοησει)" (*Repubblica*, 524d-526a).

I numeri devono quindi affrontare il problema della contraddizione, e solo essi ne possono dare la "chiave"; e nel contempo solo l'anima può "conoscerli", poiché soggetto della "rappresentazione sintattica", così come l'occhio può conoscere gli aspetti non numerici e non contradditori, poiché soggetto della "rappresentazione iconica". I paradossi dell'uno/molti sono nel contempo la chiave di accesso alla dialettica delle idee ed il cuore del pensiero aritmetico teorico.

D'altra parte una μεθεξις statica, in cui 2 è pari solo poiché "partecipa" dell'idea di "parità", avrebbe l'effetto di fare della realtà un'immagine del mondo delle idee iconica: "Non sono in grado di capire come possa accadere, quando si fa l'addizione di uno più uno, l'unità a cui se ne aggiunge un'altra diventi due (...) non riesco a convincermi che quando si divide una unità questa divisione debba essere la causa per cui l'uno diventa due, dal momento che in questo caso la causa della generazione del due è opposta alla precedente" (96e-97b).

"Tu non accetteresti che qualcuno possa sostenere che un uomo è più grande di un altro "di una testa" e che il secondo è più grande del primo per lo stesso motivo. Tu saresti pronto a giurare che la causa per cui essa è più grande è la grandezza (...) per paura che qualcuno ti opponga un'argomentazione contraddittoria, giacché se tu dicessi che è "di una testa" che un uomo è più grande mentre l'altro è più piccolo, ti si obbietterebbe in primo luogo che è per la stessa causa che il più grande diventa più grande e il più piccolo più piccolo, e in secondo luogo che il più grande è più grande di una testa, che è una cosa piccola (...) Inoltre non avresti paura di dire che il dieci è più dell'otto "di due unità" e che questa è la causa per cui il dieci supera l'otto e non invece che il primo è più del secondo per la quantità? (...) Non ti guarderesti bene dal dire che quando si aggiunge un'unità a un'altra unità l'addizione sia la causa della generazione del due? (...) non conosci nessun'altra modalità per cui un ente diviene tale se non mediante la partecipazione all'essenza specifica di ciascuna cosa con cui questo ente entra in relazione. Quindi, non avresti altra causa della generazione del due che la partecipazione alla dualità" (*Fedone*, 101a-c).

Sicuramente non contraddittoria. Ma tuttavia incapace di dare conto del "divenire" e quindi, in definitiva, del *reale*.

Occorre essere capaci di argomentare invece secondo la natura stessa degli enti matematici, attraverso l'aritmetica, nel contempo *ideale* e capace di dare conto della natura contraddittoria del reale: "(...) Se tu mi chiedessi che cosa deve intervenire in una grandezza numerica perché essa sia dispari, io non ti risponderei che si deve aggiungere la disparità (risposta sicura ma banale), bensì che deve esservi una unità in più rispetto al pari" (*Fedone*, 105c).

E questa capacità di dare al mondo delle idee il necessario dinamismo è tipica solo dei concetti matematici; molte "monadi" insieme, diciamo cinque, creano un concetto di "numero", il numero cinque, che non era già incluso nell'idea iniziale di monade: *la natura "olistica" del concetto di numero è essenziale per evitare la natura "analitica" della semplice "rappresentazione iconica"*.

Come osservava Klein [7]: "La nozione della struttura "aritmetica" del regno delle idee permette una soluzione al problema ontologico della μεθεξις (Parmenide 133a). (...) Solo la struttura dell'αριθμος con il suo speciale carattere κοινον [olistico] è capace di garantire i tratti essenziali della comunità di ειδη necessaria per la dialettica; l'indivisibilità delle singole monadi che formano l'insieme αριθμος, la limitatezza di questo insieme di monadi come espresso nella congiunzione di molte monadi in un insieme, cioè in un'idea, e l'intoccabile integrità di questa idea superiore allo stesso tempo. Ciò che le singole ειδη hanno in comune è loro solo nella loro comunità e non è qualcosa che debba essere trovato oltre e fuori di loro (*Filebo*, 18 c-d)" (pp. 89-90).

(...) anche la relazione tra problema della μεθεξις [partecipazione] ontologico e dianoetico, come in generale la relazione tra originale e copia, diviene comprensibile solo in termini "logistici". Ciò che è di solito trascurato nella discussione della questione della μεθεξις è il carattere secondario, quello "di immagine", della relazione di μεθεξις, nella misura in cui esso concerne il regno dianoetico, cioè la relazione di un ειδος ad una serie di αισθητα [percezioni]. Solo quando queste relazioni sono ridotte a relazioni di "comunanza" nel regno delle ειδη, possiamo vedere il problema della μεθεξις nella sua forma originaria. Ma una delle possibili soluzioni a questo problema superiore è precisamente la concezione dell'αριθμος ειδετικος. La soluzione dà immediatamente la risposta definitiva all'"uno e molti": l'αριθμος ειδετικος in sé mostra la possibilità di immediata unificazione dei molti" (pp. 98-99).

Nel mondo delle idee i "numeri in sé", gli αριθηοι αυτοι, non sono "solo" idee, enti esistenti in un qualche mondo iperuranio, come appare in un certo "platonismo" tanto diffuso tra i matematici; sono invece la trama stessa del pensiero formale, la sua *struttura profonda*. È chiaro, nel VI libro della *Repubblica*, che il metodo matematico si presenta come una versione "statica" del metodo dialettico, perché non può evitare di presupporre quei "principi" che sono invece l'obiettivo primo di quest'ultima. E nel contempo gli oggetti matematici si presentano come "immagini" rispetto al mondo delle idee: si apre allora il problema dell'esistenza di "numeri ideali" (αριθμοι ειδητικοι), oltre quelli matematici e quelli "materiali", il cui carattere "ordinale" si riflette nella loro natura "genetica" (generati dall'Uno e dalla "diade indefinita", αοριστος), che saranno oggetto di diverse interpretazioni nei successori di Platone nell'Accademia (Senocrate, Speusippo) e della conseguente critica aristotelica.

E anche la natura del continuo, i paradossi del più e del meno, sono dominabili dalla capacità di "denominazione" del continuo e del suo fluire garantito dal "numero", vero prototipo del *segno*. Nel *Filebo* troviamo l'antefatto dell'invenzione dell'alfabeto da parte del dio Theuth: la *voce* è un continuo, unica e infinita nel contempo. "La voce che mi esce dalla bocca è una, ed è anche infinita (απειρος αυ πληθει), la voce di tutti e quella di ognuno (...) non conosciamo la sua infinitezza e neppure la sua unità: ma per quanto riguarda la sua intensità e qualità, questo lo conosciamo bene perché permette a ciascuno di noi di poter scrivere le lettere dell'alfabeto (...) in Egitto un certo Teuth per primo capì che le vocali, nell'infinitezza della voce, non sono una ma più e che ci sono altri elementi che non appartengono alla voce, ma al suono, e che anche questi si possono quantificare numericamente, allora separò una terza classe di lettere (γραμματων) che noi chiamiamo consonanti mute - dopo di ciò separò le consonanti mute dalle consonanti sino a giungere all'unità, e allo stesso modo fece con le vocali e quelle di suono intermedio finché, conosciuto il loro numero, diede a ciascuna e a tutte insieme (συμπατι) il nome di lettera (στοιχειον): osservando che nessuno di noi neppure una lettera di per sé potrebbe apprendere senza conoscere tutte le altre, e ragionando su questo legame che permette a ciascuna di essere una, ma che le unisce tutte insieme, unì ad esse i meccanismi della grammatica dando loro questo nome" (*Filebo*, 17b-18c).

Notevole l'opposizione dei due termini qui tradotti con "lettere": γραμματα sono le lettere in quanto "tracce", graffiate, incise, στοιχεια sono le lettere in quanto "segni", che denominano e discriminano considerate nel loro complesso, come *alfabeto*. Sono queste ultime che caratterizzano il flusso vocale come *linguaggio*. Non si può non notare l'affinità tra questo processo di "discretizzazione e discriminazione" e quella διαιρεσις, la dicotomia progressiva delle categorie concettuali per costruire definizioni, che Platone utilizza ad esempio nel *Sofista* per definire appunto "il sofista".

Quella *voce*, φωνη, discorso orale, che qui è grandezza continua, discretizzata da un atto creativo di Theuth per creare il mondo dei segni diventerà in Aristotele (*Categorie*, 4b 30) tout court grandezza discreta e il segno sarà convenzione sociale, segnando così la completa interiorizzazione dell'alfabeto come modello del conoscere teoretico, così che στοιχειον è "elemento" sia dell'alfabeto che del sistema assiomatico e della stessa realtà, elemento ultimo di tutti e tre i "mondi" del triangolo semiotico.

E questa originaria capacità del *numero* di denotare e individuare la realtà, capacità di trasformare le "tracce" in *segni*, è il segreto stesso della creazione e della sua umana conoscibilità: "L'essere vivente che ignorasse la scienza dei numeri non sarebbe in grado di rendere conto delle realtà, delle quali possederebbe solo percezioni e ricordi (...) se poi si considerasse l'aspetto divino del mondo del divenire e il suo aspetto umano, in ciò si vedrebbe realmente il significato religioso e il valore del numero (...) E di tale pluralità il dio fece un'unità quando creò la luna, la quale apparendo talora piena talora a quarti, fino ad arrivare a 15 giorni e altrettante notti (...) se si vuole rendere l'intero ciclo una unità (ενα ολον εις εν) (...) per poter raccogliere i mesi in anni: grazie a questa felice coincidenza si cominciò a cogliere le relazioni reciproche tra i numeri" (*Epinomis*, 977c-979a).

Qui Platone ritrova la traccia di una tradizione pitagorica non "iconica", ma, per così dire, "modellistica", basata sugli studi sull'armonia musicale, l'astronomia e le proporzioni, centrale soprattutto in Archita. È il *Timeo* il dialogo in cui appare più chiaramente questa traccia, e quivi è anche la prima enunciazione di una "armonia prestabilita" tra le "orbite celesti" e quelle affini nella nostra mente (47b-c), condizione necessaria per una conoscenza delle "leggi" che governano la natura.

Questa profonda "complicità" fra aritmetica e dialettica verrà dissolta nella successiva evoluzione della filosofia greca: le critiche di Aristotele (ad esempio nel XIII libro della *Metafisica*) saranno appunto centrate su questa "confusione", ad esempio, tra l'"uno" come numero e come costrutto logico, e porteranno alla riduzione della dialettica ad "organon" logico e alla riduzione dell'aritmetica a scienza particolare della quantità, con conseguente riaffermazione dell'antico carattere "cardinale" del "numero matematico", cioè come *molteplicità determinata*.

Ma questa connessione tra segni del pensiero formale e *numeri*, con la conseguente nascita di una *ars combinatoria*, riapparirà in Leibniz e diventerà qualcosa di familiare alla logica e alla matematica moderna: da Gauss a Frege e Cantor sino ad Hilbert e Gödel la connessione tra *logica* e *aritmetica* e poi la *aritmetizzazione della sintassi* sono diventate capisaldi del pensiero formale.

Tuttavia questa connessione è spesso considerata alla stregua soltanto di una complessa "codifica", di un "espediente" geniale. L'aritmetica dovrebbe comportarsi come "logica travestita" oppure come una teoria matematica da formalizzare: quindi in ogni caso riducibile o separata dal puro linguaggio logico. Eppure scriveva Gödel [8]: "(...) con questo concetto (ricorsività o computabilità secondo Turing) si è riusciti per la prima volta a dare di una interessante nozione epistemologica, una definizione assoluta, non dipendente cioè dal formalismo scelto. In tutti gli altri casi studiati precedentemente, quali dimostrabilità e definibilità, si era capaci di definirle solo relativamente ad un dato linguaggio, e per ogni singolo linguaggio è chiaro che quella ottenuta non è quella cercata. Per il concetto di computabilità invece, sebbene sia un caso particolare di dimostrabilità o decidibilità, la situazione è differente. Per una specie di miracolo non è necessario distinguere ordini, e la procedura diagonale non porta al di là della nozione definita".

Il "miracolo" è nel fatto che la *aritmetica* e la *computabilità* non appaiono uno dei tanti possibili linguaggi formali, ma la "madre" di tutte le possibili rappresentazioni sintattiche, "consustanziale" alla possibilità stessa di un pensiero formale. Questa non è un'idea nuova nel dibattito sui fondamenti della matematica: già l'*intuizionismo* aveva sottolineato il ruolo genetico dell'aritmetica e dell'idea di numero ordinale (si pensi al ruolo del "principio di induzione") rispetto alla logica formale. È utile però sottolineare che questo, nella nostra analisi, non appare come risultato di una filosofia degli a-priori del soggetto trascendentale, ma come creazione del pensiero classico greco e soprattutto come origine della stessa civiltà europea.

È l'aritmetica quindi la fonte di quella *armonia prestabilita* tra realtà e linguaggio nella quale non possiamo non credere dopo tanti secoli di successi, ma dobbiamo anche dire che, neanche tendenzialmente, la *rappresentazione sintattica* può compiutamente riflettere il reale, divenire in qualche modo iconica. E questo perché segnata, nei suoi concetti fondamentali, da una *disarmonia prestabilita*, che in definitiva ne dà il nascosto principio evolutivo. Una fonte di paradossi riconoscibili nella loro continuità sin dall'origine del pensiero formale. Così *negazione*, *verità* e *essere* definiscono, sin dall'alba della cultura europea, un argomento antinomico che dal "paradosso del giudizio negativo" (impossibilità dell'asserzione del falso), attraverso il "paradosso del mentitore" (contraddittorietà dell'auto-asserzione del falso) giunge sino ai paradossi insiemistici e ai teoremi di Gödel e Tarski.

Non ci sono "ignorabimus", ma una essenziale e mutevole "incompletezza", una eterna ma mobile "frattura" nella nostra capacità di "dire" il mondo, che fa del lavoro scientifico non la paziente ricostruzione di un'immagine del reale, ma una splendida avventura "dentro" oltre che "fuori" di noi.

Bibliografia

1. Wittgenstein, L. *Ricerche Filosofiche*. Torino, Einaudi, 1967. (ed. orig.: *Philosophische Untersuchungen / Philosophical investigations*. Basil Blackwell, 1953).
2. Borzacchini, L. "Light as a metaphor of knowledge. A preestablished disharmony.". in: Petrilli, S. and Ponzio, A. eds. *Signs and Light. Light in the Places of Discourse. Semiotica*, special issue. In corso di stampa (1998)
3. Levi-Strauss, C. *Il crudo e il cotto*. Milano, Il Saggiatore, 1966 (ed. orig.: *Le cru et le cuit*. Paris, Libr. Plon., 1964)
4. Lurija, A. R. *La storia sociale dei processi cognitivi*. Firenze, Giunti-Barbera, 1976. (ed. orig.: 1974)
5. Diels, H. and Krantz, W., Ed. *Die fragmente der Vorsokratiker*. Zurich, Weidmannsche Verlag, 1903-1966
6. Kahn, C. H. "The verb "be' in ancient Greek." *Foundations of language*, suppl. series, 16 (1973)
7. Klein, J. *Greek mathematical thought and the origin of algebra*. The MIT Press, 1968. (ed. orig.: "Die griechische Logistik und die antstehung der Algebra." *Quellen und Studien zur Geschichte der Mathematik, Astronomie und Physik* abt. B, vol. 3,(fasc. 1,(1934), fasc. 2, (1936)): 18-105; 122-235.)
8. Gödel, K. "Remarks before the Princeton bicentennial conference on problems in mathematics." in: Klibanski edt. *Contemporary philosophy*. Firenze, La Nuova Italia, 1968

I riferimenti alle opere di Platone ed Aristotele sono relativi alle edizioni critiche (Oxford Classical Texts). Le traduzioni non esplicitamente citate sono a cura dell'autore, anche quando condotte sulla base di altre traduzioni.

matematica e **musica**

Il clavicembalo ben numerato

di Piergiorgio Odifreddi

Accostare fra loro musica e matematica può sembrare una provocazione, un'istigazione all'intrattenimento di relazioni pericolose proprio fra le due discipline che, con le rispettive calda sensualità e fredda razionalità, più e meglio incarnano e simboleggiano la supposta irreconciliabile opposizione fra le due culture. In realtà, la separazione dalla matematica è stata solo una parentesi temporanea e (letteralmente) romantica nella storia della musica, preceduta da millenni di felice convivenza, e seguita dall'inevitabile riconciliazione.

Poiché il legame fra musica e matematica non è soltanto un'illusione acustica, è possibile isolare nella storia momenti di interazione diretta e reciproca fra le due discipline. In questa sede ricercheremo la musica nella pratica matematica, e la troveremo nel lavoro dei numerosi teorici che, per più di due millenni, si sono dedicati ad applicare le loro competenze specifiche al campo musicale, arrivando in qualche caso a influenzarne l'evoluzione in maniera sostanziale.

La musica delle sfere

I greci chiamavano *mousike* ogni attività umana governata dalle Muse, e distinguevano nella musica propriamente detta due tipi, uno teoretico e sacro e l'altro sensoriale e profano, la cui contrapposizione si tramanderà nei secoli in varie forme: da un lato musica antica e moderna, pre-romantica e romantica, classica e pop(olare); dall'altro musici e cantori, compositori ed esecutori, orchestre e bande.

Il ruolo fondamentale che la musica ebbe per due millenni nella cultura occidentale inizia e deriva dall'insegnamento pitagorico, che si può riassumere in un solo motto: *la coincidenza di musica, matematica e natura*. Più precisamente, oltre alla musica *strumentale* esistevano, per Pitagora, anche una musica *umana* suonata dall'organismo, e una musica *mondana* suonata dal cosmo: e la coincidenza delle tre era responsabile da un lato dell'effetto emotivo prodotto (per letterale risonanza) dalla melodia sull'uomo, e dall'altro della possibilità di dedurre le leggi matematiche dell'universo da quelle musicali.

Secondo la leggenda, tramandata da Giamblico, Pitagora scoprì i *rapporti armonici* dapprima paragonando i pesi di martelli diversi che aveva sentito risuonare passando nei pressi della bottega di un fabbro, e poi attraverso esperimenti con pesi attaccati a nervi di buoi. Egli scoprì che l'ottava corrisponde al rapporto 2:1, nel senso che per aumentare di un'ottava il suono di una corda si deve dimezzarne la lunghezza, o duplicarne il peso. Analogamente, la quinta corrisponde al rapporto 3:2.

Le scoperte musicali di Pitagora furono una giustificazione (non sappiamo se *a priori* o *a posteriori*) del suo aforistico credo "tutto è (numero) razionale", che codifica la fede nella intelligibilità matematica della natura. E "ragione" divenne la capacità di esprimere concetti mediante un "rapporto" numerico, come testimonia l'uso dello stesso vocabolo per entrambi i termini, sia in greco (*lógos*) che in latino (*ratio*): poiché per i greci *lógos* significava inoltre la "parola" stessa, il vocabolo esprimeva così una triplice coincidenza di linguaggio, razionalità e matematica. Il che permette di interpretare l'inizio del *Vangelo secondo Giovanni* come una riformulazione del credo pitagorico ("in principio era la Ragione, e la Ragione era Dio, e Dio era la Ragione"), e Cristo come una Frazione Divina (ovviamente, $\frac{1}{3}$).

Per quanto riguarda l'universo, Pitagora ereditò da Anassimandro l'idea che esso fosse composto di sfere celesti, avviluppate a strati attorno alla terra, e fra le quali bruciava un fuoco cosmico: stelle e pianeti erano buchi nelle sfere, che permettevano di vedere il fuoco. Di suo Pitagora aggiunse l'idea che il movimento delle sfere producesse una musica cosmica, non udibile dall'orecchio umano a causa della sua continuità e intensità, e strutturata secondo rapporti armonici.

Non può stupire che, con queste premesse, i pitagorici stabilissero un programma di studi per i loro allievi che, ripreso da Platone nella *Repubblica* e da Agostino nel *De musica*, venne poi codificato da Boezio nel *De institutione musica* come quadrivium, e divenne lo standard dell'educazione occidentale dal Medioevo all'Ottocento: esso comprendeva semplicemente tutto quanto c'era da sapere, e cioè matematica (aritmetica e geometria), musica e astronomia.

Il canto delle sirene

Come ogni buon profeta Pitagora non lasciò niente di scritto, ma una formulazione riveduta e corretta delle sue teorie ci è stata tramandata da Platone nel misterioso ed esoterico dialogo *Timeo*. Essa si può riassumere nella seguente versione della prova teleologica dell'esistenza di Dio: il mondo è ordinato, e poiché l'ordine deve avere una causa, c'è un Demiurgo il cui ruolo istituzionale è di ordinare (non creare!) armoniosamente il mondo.

Per mettere ordine nel mondo il Demiurgo parte dalla logica: più precisamente, dai tre predicati di esistenza, uguaglianza e differenza; o, ancora più precisamente, dal verbo essere (in due sue accezioni) e dalla negazione. Infatti, di qualunque cosa si possono almeno fare tre affermazioni: che esiste, che è uguale a se stessa, e che è diversa da tutto il resto. Mescolando i tre predicati, benché essi siano "difficili da mescolare", con i quattro elementi (terra, acqua, aria e fuoco) il Demiurgo crea la malleabile anima del mondo.

Per plasmare il materiale grezzo il Demiurgo passa alla musica: si tratta infatti di creare l'ordine mediante suddivisioni armoniose, che consistono praticamente nel creare l'intera scala musicale mediante successivi rapporti armonici. Anzitutto il Demiurgo: "prese una prima parte dal tutto (1), una seconda doppia della prima (2), una terza tripla della prima (3), una quarta doppia della seconda (4), una quinta tripla della terza (9), una sesta doppia della quarta (8), e una settima tripla della quinta (27)".

Si considerano cioè i numeri che corrispondono a uguaglianza (1), disuguaglianza (2) e mescolanza (1+2=3), più i loro quadrati (4 e 9) e cubi (8 e 27), cioè le loro versioni a due e tre dimensioni (tante quante ne ha il mondo).

Con i sette numeri è possibile costruire l'intera scala, notando che salire o scendere di un intervallo corrispondente ad un certo rapporto significa moltiplicare o dividere per quel rapporto. Procedendo per quinte ascendenti o discendenti, cioè moltiplicando per $\frac{3}{2}$ o $\frac{2}{3}$, si ottengono i rapporti di quella che viene chiamata *scala pitagorica*, benché essa risalga in realtà ad Eratostene, nel secolo III a.C.

nota	do	re	mi	fa	sol	la	si	do
rapporto	1	$\frac{9}{8}$	$\frac{81}{64}$	$\frac{4}{3}$	$\frac{3}{2}$	$\frac{27}{16}$	$\frac{243}{128}$	2

Fra due note consecutive che distano di un tono, e cioè do-re, re-mi, fa-sol, sol-la e la-si, il rapporto è $\frac{9}{8}$. Analogamente, fra due note consecutive che distano di un semitono, e cioè mi-fa e si-do, il rapporto è $\frac{256}{243}$.

Platone effettuò alla fine della *Repubblica* una trasposizione letteraria della musica delle sfere, in un rifacimento del mito di Orfeo. Il soldato Er muore in battaglia, ma gli dei gli permettono di ritornare dal regno dei morti per raccontare agli uomini che cosa li aspetta nell'aldilà. E, fra le altre cose, egli narra che uno dei passaggi obbligati per le anime dei morti è il Fuso della Necessità, una colonna di luce che si staglia fra la terra e il cielo, dotata di un rocchetto cosmico costituito da una serie di otto semisfere concentriche e ruotanti, corrispondenti ai sette pianeti e alle stelle fisse: sui bordi delle semisfere siedono delle sirene, ciascuna delle quali canta la nota appropriata al pianeta. Un'altra trasposizione letteraria fu effettuata da

matematica e musica

Cicerone alla fine del *De Republica*, in un rifacimento del mito di Er: Scipione l'Africano appare in sogno al nipote, gli mostra la disposizione, il moto e il suono delle sfere celesti, e gli insegna che si può ritornare alle stelle imitando quel suono, sia fisicamente attraverso la musica, che mentalmente ricercando la verità.

Il mito di Er divenne in seguito il soggetto de *L'armonia delle sfere*, il primo di una serie di intermezzi musicali alla commedia *La pellegrina*, commissionati e prodotti dalla Camerata dei Bardi nel 1589 per le nozze di Ferdinando de' Medici, e considerati la prima opera. *Il sogno di Scipione* divenne a sua volta, nel 1772, una omonima serenata drammatica, con libretto di Pietro Metastasio e musica di Wolfgang Amadeus Mozart.

Pitagora entra in comma

La corrispondenza fra universo, musica e frazioni era ovviamente troppo bella per essere vera, oltre che molto sospetta alla luce dei ben noti problemi con la razionalità (o frazionarietà) del reale in geometria: il fatto cioè che la diagonale del quadrato fosse incommensurabile con il lato o, come diciamo oggi, che $\sqrt{2}$ è irrazionale.

E infatti non solo la teoria musicale pitagorica è falsa, ma lo è proprio a causa dell'irrispettosa $\sqrt{2}$! Se infatti il rapporto corrispondente ad un tono è $\frac{9}{8}$, e se salire di un intervallo significa moltiplicare per il rapporto corrispondente, allora un semitono dovrebbe corrispondere a

$$\sqrt{\frac{9}{8}} = \frac{3}{2\sqrt{2}} \neq \frac{256}{243}.$$

In altre parole, salendo di un tono e scendendo di due semitoni non si ritorna al punto di partenza, e si ottiene invece il cosiddetto *comma diatonico o pitagorico*:

$$\frac{9}{8} \cdot \left(\frac{243}{256}\right)^2 = \frac{3^{12}}{2^{19}} = \frac{531.441}{524.288} \approx 1{,}0136,$$

pari circa ad un quarto di semitono (o un ottavo di tono) temperato, perfettamente percepibile ad orecchio, soprattutto a frequenze medioalte.

E fu lo stesso Pitagora a scoprire il problema, in maniera empirica; una trattazione teorica risale invece al pitagorico Archita, ed è riportata nella *Sectio Canonis* attribuita a Euclide. In 7 ottave ci stanno infatti 12 quinte, perché un'ottava contiene 12 semitoni, e una quinta 7: ma diminuendo 7 volte di metà una corda tesa si otteneva un suono distintamente differente da quello ottenuto diminuendola 12 volte di un terzo, il che significava che salendo di 12 quinte e scendendo di 7 ottave non si ritorna al punto di partenza. E la discrepanza trovata empiricamente era proprio il comma pitagorico:

$$\left(\frac{3}{2}\right)^{12} \cdot \left(\frac{1}{2}\right)^7 = \frac{3^{12}}{2^{19}}.$$

Più in generale, la successione delle quinte che si ottiene continuando a moltiplicare o dividere per $\frac{3}{2}$, non si chiude mai in nessuna delle due direzioni. Matematicamente, la cosa è ovvia: nessun multiplo di $\frac{3}{2}$ può generare un multiplo di 2. Questo significa che nella scala pitagorica si ha una *spirale delle quinte*, infinita nelle due direzioni.

Il problema creato dal comma è serio, se si vogliono usare note alterate (e dunque da un punto di vista moderno, visto che i greci non le usavano). Poiché bemolle e diesis non coincidono, e differiscono di un comma pitagorico, è necessario sdoppiare sia i cinque tasti neri, che i quattro tasti bianchi che distano di un semitono, ottenendo una scala di 21 note: soluzione che venne effettivamente adottata nelle tastiere cromatiche del Cinquecento, quali l'archicembalo e l'arciorgano. Naturalmente, volendo usare anche doppie alterazioni sarebbe necessario usare 35 tasti, e così via.

Si cambia musica

Il sistema pitagorico si può considerare come basato su tre suoni in proporzione 2:3:4, che corrispondono ad una ottava ($\frac{4}{2}=2$) scomposta in una quinta ($\frac{3}{2}$) e una quarta ($\frac{4}{3}$), e all'accordo do-sol-do. Nel secolo XVI esso venne gradualmente soppiantato in Occidente da un nuovo sistema, reso popolare nel 1558 dalle *Istituzioni armoniche* di Gioseffo Zarlino. Esso era la conseguenza teorica di una nuova pratica di composizione entrata lentamente in voga, incentrata sull'accordo di tre suoni in proporzione 4:5:6, che corrispondono ad una quinta ($\frac{6}{4} = \frac{3}{2}$) scomposta in una terza maggiore ($\frac{5}{4}$) e una terza minore ($\frac{6}{5}$), e all'accordo do-mi-sol.

Il nuovo sistema sostituiva dunque la quarta con la *terza pura*, detta anche *naturale* o *giusta*, corrispondente al rapporto 5:4, e studiata fin dal I secolo a.C. da Didimo. La terza non era accettata dai pitagorici, sia perché i numeri corrispondenti non erano buoni (da un punto di vista mistico o magico), sia soprattutto perché rispetto alla loro scala era dissonante (come lo è la quarta rispetto alla nostra).

I nuovi rapporti sostituiscono la scala pitagorica con la *scala zarliniana*, i cui rapporti sono:

nota	do	re	mi	fa	sol	la	si	do
rapporto	1	$\frac{9}{8}$	$\frac{5}{4}$	$\frac{4}{3}$	$\frac{3}{2}$	$\frac{5}{3}$	$\frac{15}{8}$	2

Si noti che i rapporti relativi a do, re, fa e sol sono immutati rispetto a quelli pitagorici. Quelli relativi a mi, la e si ne differiscono invece per una quantità che si chiama *comma sintonico* o di *Didimo*, diverso da quello pitagorico, ma di una quantità non percepibile ad orecchio.

Uno svantaggio della scala zerliniana è che i rapporti relativi a intervalli fra note consecutive non sono più regolari come nella scala pitagorica. Più precisamente, mentre questa è costruita a partire da un tono ($\frac{9}{8}$) e da un semitono ($\frac{256}{243}$), la scala zarliniana è costruita a partire da due diversi toni, detti rispettivamente grande e piccolo ($\frac{9}{8}$ e $\frac{10}{9}$), e da un semitono ($\frac{16}{15}$). E, mentre nella scala pitagorica il semitono non corrisponde perfettamente alla metà di un tono, nella scala zarliniana il semitono non corrisponde perfettamente alla metà di nessuno dei due toni: anche la scala zarliniana con diesis e bemolli richiede dunque ancora 21 note.

Scendere e salir per l'altrui scale

La musica greca era sostanzialmente omofonica, e non poneva dunque sostanziali problemi di consonanza: la varietà veniva assicurata dalla gran quantità di modi, ai quali erano associati particolari stati emotivi. Più precisamente, un modo è semplicemente una successione di sette tasti bianchi consecutivi, e i Greci, a partire da Eratoclo nel secolo V a.C., ammettevano tutti i sette modi che conoscevano, e cioè quelli costruiti a partire dalle sette note. A ciascuno di essi veniva associato uno stato emotivo, nel modo descritto esplicitamente nella *Repubblica* da Platone.

Nella storia della musica occidentale i modi accettati sono cambiati drasticamente a seconda dei periodi:

- nel secolo IV sant'Ambrogio li limitò a quattro: re, mi, fa, sol;
- nel 1547 Heinrich Loris Glareanus arrivò fino a sei: do, re, mi, fa, sol, la. Come notò nel 1612 Johannes Lippus, i sei modi glareani si distinguono in due famiglie: i tre che iniziano con una terza maggiore (do, fa, sol), e i tre che iniziano con una terza minore (re, mi, la);
- nel 1722 Jean-Philippe Rameau codificò, nel *Trattato dell'armonia ridotta ai suoi princìpi naturali*, il passaggio dalla concezione orizzontale melodica a quella verticale armonica, limitando la pratica ai due soli modi che ancora oggi sono in vigore, con i nomi di *maggiore* (do) e *minore* (la).

La drastica riduzione dei modi scaricò sulla tonalità, cioè su una nota (o un accordo) attorno a cui organizzare la composizione, il compito di assicurare la varietà:

- i Greci usavano *una* sola tonalità per ciascuno dei sette modi: la quarta, che si situava al centro della scala di sette toni;
- nel canto gregoriano se ne permisero *due* per ciascuno dei quattro modi ambrosiani: la quarta nei modi detti *plagali*, e la quinta in quelli detti *autentici*. Di qui il nome *oktoechos* per il sistema modale ecclesiastico;
- analogamente fece Glareanus per i suoi sei modi, da cui il nome della sua opera, il *Dodecachordon*;
- oggi si usano dodici tonalità per ciascuno dei due modi moderni: una per ogni nota della scala cromatica. E le associazioni emotive platoniche sono state trasposte dai modi greci alle tonalità occidentali: mi maggiore è gioioso, mi minore

triste, fa maggiore pacifico, fa minore melanconico,...

L'introduzione della tonalità portò alla necessità di usare le note alterate per trasporre le scale, e dunque richiese una soluzione al problema dei commi.

La necessità divenne ancora più impellente quando, per aumentare ulteriormente la varietà, si introdusse la *modulazione* da una tonalità all'altra all'interno di una stessa composizione, che richiese una soluzione al problema dei due diversi toni della scala zarliniana.

Temperamenti irrazionali

I problemi della scala zarliniana erano dunque duplici. Da un lato lo sdoppiamento di diesis e bemolle, che richiedeva in teoria scale di almeno 21 note (problema, questo, condiviso dalla scala pitagorica). Dall'altro lato la presenza di due toni diversi, grande e piccolo, che rendeva impossibile la modulazione libera. Le soluzioni ai due problemi passarono attraverso il cosiddetto *temperamento*, che consiste nell'accordare gli strumenti leggermente fuori tono, in modo tale da rendere gli intervalli fra loro più bilanciati.

Il primo tentativo in questa direzione fu il *temperamento per quinte* introdotto verso il 1450 da Henri Arnaut. Le quinte sono tutte ovviamente pure nella scala pitagorica, che è costruita su di esse, ma non in quella zarliniana. Arnaut decise di rendere tutte le quinte pure eccetto una (si-fa$^\#$), scaricando così tutta la dissonanza su di essa. Il problema era però che quest'unica dissonanza era veramente insopportabile: essa assomigliava ad un vero e proprio ululato, tanto che fu chiamata *quinta del lupo*.

Nel *temperamento mesotonico* si preferì invece distribuire il comma sintonico, che nella scala zarliniana è scaricato tutto sulla quinta re-la, anche sulle quinte fa-do, do-sol e sol-re. Il comma viene diviso in quattro parti uguali, e le quinte mesotoniche sono pari a quinte pure meno un quarto di comma sintonico. Le terze vengono invece mantenute pure. Il risultato è la scala *mesotonica*:

nota	do	re	mi	fa	sol	la	si	do
rapporto	1	$\frac{\sqrt{5}}{8}$	$\frac{5}{4}$	$\frac{4}{\sqrt[7]{5}}$	$\sqrt[4]{5}$	$\frac{5}{2\sqrt[4]{5}}$	$\frac{5\sqrt[4]{5}}{8}$	2

I rapporti relativi ad intervalli fra note consecutive tornano ad essere regolari come nella scala pitagorica, con il che il secondo problema è risolto. Ma anche nella scala mesotonica la metà di un tono non è un semitono: in teoria sono dunque ancora necessari diesis e bemolli distinti. Limitandosi però ai primi tre diesis (fa$^\#$, sol$^\#$, do$^\#$) e ai primi due bemolli (si^b, mi^b) si ottiene una scala basata su due soli rapporti: un semitono tra do$^\#$-re, re-mi^b, mi-fa, fa$^\#$-sol, sol$^\#$-la, la-si^b e si-do, e un diesis tra do-do$^\#$, mib-mi, fa-fa$^\#$, sol-sol$^\#$, e si^b-si. Per questo motivo il temperamento mesotonico fu chiamato anche *temperamento ineguale*.

Nel 1691 Andreas Werckmeister scoprì l'uovo di Colombo, che portò al *buon temperamento*: se invece di *distribuire* il comma diatonico che esiste fra dodici quinte pitagoriche e sette ottave lo si *sottrae*, ad esempio lasciando otto quinte pure e togliendo dalle altre quattro un quarto del comma, il ciclo si chiude.

La scala ben temperata produce ancora intervalli disuguali, e in particolare quattro tipi diversi di semitoni, a seconda di quante quinte temperate sono coinvolte nella loro definizione. Ma *Il clavicembalo ben temperato* di Bach, una sistematica doppia serie di 24 preludi e fughe per ciascuna delle 24 possibili tonalità, mostrò che questo tipo di temperamento era perfettamente soddisfacente da un punto di vista musicale ed estetico, e assicurò l'affermazione della teoria del temperamento.

In pratica, quella che si affermò fu però una forma ancora più radicale, detta *temperamento equabile*, già nota ad Aristosseno di Taranto nel IV secolo a.C., e riproposta da Vincenzo Galilei nel 1581, e da Marin Mersenne nel 1637. Questa volta si divide il comma diatonico in dodici parti uguali, e il risultato è la *scala temperata*:

nota	do	re	mi	fa	sol	la	si	do
rapporto	1	$(\sqrt[12]{2})^2$	$(\sqrt[12]{2})^4$	$(\sqrt[12]{2})^5$	$(\sqrt[12]{2})^7$	$(\sqrt[12]{2})^9$	$(\sqrt[12]{2})^{11}$	2

I rapporti relativi ad intervalli fra note consecutive sono ora completamente regolari: finalmente, la metà di un tono è esattamente un semitono, e i dodici semitoni sono perfettamente uguali.

Volendo, la scala temperata si può anzi definire imponendo direttamente quest'ultima condizione, che corrisponde appunto a considerare un numero che moltiplicato per se stesso 12 volte dia 2, cioè $\sqrt[12]{2}$. Si ottiene così un'espressione irrazionale per il semitono, di cui le espressioni razionali usate nelle scale pitagorica e zarliniana costituiscono delle approssimazioni per difetto e per eccesso.

Nel sistema temperato mi, la e si sono più o meno fortemente stonate, mentre re, fa e sol sono quasi perfettamente intonate. La quarta e la quinta, oltre che per l'essere quasi intonate, hanno nel sistema temperato un'importanza fondamentale anche a causa della loro possibilità di generare tutti i dodici semitoni mediante il *ciclo delle quinte ascendenti* (*o quarte discendenti*):

fa, do, sol, re, la, mi, si, fa#, do#, sol#, re#, la#,

e l'analogo *ciclo delle quarte ascendenti* (o quinte discendenti):

si, mi, la, re, sol, do, fa, si♭, mi♭, la♭, re♭, sol♭.

Essi spaziano su 7 ottave, grazie al fatto che sia 5 che 7 sono primi con 12. E via via più note del ciclo delle quinte sono state accettate nella storia della musica:
- tre nel *tetracordo* greco antico: do, fa, sol, do;
- cinque nella *scala pentatonica* cinese: do, re, fa, sol, la, cioè le note che sono un semitono sotto i tasti neri;
- sette nella *scala diatonica eptafonica*: do, re, mi, fa, sol, la, si, cioè le note senza diesis;
- dodici nella *scala cromatica dodecafonica*, cioè tutte le note del ciclo.

L'assoluta uguaglianza dei semitoni rese possibile l'introduzione di scale artificiali, con svariati rapporti tra toni e semitoni. Le più simmetriche sono la *scala esatonale*, consistente di sei note di un tono ciascuna, usata da Debussy nei *Préludes*, e la *scala octofonica*, consistente di toni e semitoni alternati, usata da Stravinsky in *Petrouschka*. Altre scale si ottengono alternando un tono e due semitoni, o due toni e due semitoni, o un tono e quattro semitoni, e uno studio completo delle possibilità musicalmente interessanti è stato fatto nel 1942 da Olivier Messiaen, in *Technique de mon language musicale*.

Proprio la completa equivalenza tra semitoni del temperamento equabile rese però completamente libere le modulazioni, e innescò così un processo di progressiva dissoluzione della tonalità, che passò attraverso la modulazione a tonalità lontane da quelle di partenza (Beethoven, Schubert), la tonalità allargata (Liszt), la tonalità sospesa (Wagner), l'atonalità (Schönberg) e la politonalità (Stravinskij, Bartók).

Eppur si suona

Commi a parte, l'armonia pitagorica aveva anche un ulteriore problema, che però venne scoperto solo nel 1589 da Vincenzo Galilei, padre di Galileo, nel *Discorso intorno alle opere di Gioseffo Zarlino*: le leggi di Pitagora sono infatti valide per le lunghezze delle corde ma *non* per i pesi, che devono invece essere quadrati. Il che significa che gli episodi dei fabbri e dei nervi di buoi sono apocrifi. Oggi diremmo concisamente che la legge che lega la frequenza v di un suono, la lunghezza l della corda che lo produce, e la sua tensione t è:

$$v \approx \frac{1}{l} \approx \sqrt{t}.$$

C'è però anche un terzo metodo per modificare il suono di una corda, oltre ad alterarne la lunghezza e la tensione: si può cioè cambiarne la sezione. E qui Galilei decise che, salendo di una dimensione, passando cioè dalla lunghezza l della corda all'area A della sua sezione, si doveva anche salire di un esponente. Ma, come nonno Pitagora, anche papà Galilei si scordò di verificare se per caso la natura non avesse opinioni matematiche diverse dalle sue, come effettivamente era.

Fu Galilei figlio a rimediare all'errore del padre, ed enunciare finalmente le corrette leggi dell'armonia nel 1638, nei *Discorsi e dimostrazioni mate-*

matiche (il legame fra frequenza e sezione è lo stesso del legame fra frequenza e lunghezza), salvo poi raccontarne anche lui una poco credibile: di aver cioè eseguito un esperimento consistente nel far risuonare una nota ruotando un dito sul bordo di un vaso pieno d'acqua, e di aver osservato (con il cannocchiale?) che al raddoppiare della frequenza si dimezza la lunghezza delle onde generate dal suono sull'acqua.

Poiché il suo giocattolo preferito erano però i pendoli, Galileo decise di trattarli come note musicali, e scoprì che il piacere acustico di udire accordi armonici si duplicava nel piacere ottico di vedere pendoli sincronizzati: ad esempio, un pendolo all'ottava con un altro si ritrova nella sua stessa posizione una volta su due, uno alla quinta una volta su tre, e uno alla terza una volta su cinque, con "meravigliosi incroci".

L'armonia del mondo

Il secondo padre della scienza moderna, dopo Galileo, fu Keplero. Egli riconobbe apertamente in Pitagora e Platone i suoi maestri, e ne abbracciò la teoria dell'identità tra matematica, musica e cosmologia, con una innovazione fondamentale: mentre per i greci la musica delle sfere era monofonica, e consisteva di scale di cui ciascun pianeta suonava una nota, per Keplero essa diventa polifonica, e consiste di accordi che risultano dalle scale simultaneamente suonate dai vari pianeti. L'opera principale di Keplero è l'*Harmonices mundi*, del 1619. In essa egli enuncia alcune leggi riguardanti i pianeti in generale, in particolare che essi percorrono orbite ellittiche di cui il Sole è uno dei fuochi, e che il raggio dell'orbita spazza aree uguali in tempi uguali. Ma poi passa ad analizzare le particolarità di ciascuna orbita, studiando i rapporti fra le lunghezze degli archi di orbita percorsi dal pianeta nell'unità di tempo (un giorno) alla massima e alla minima distanza dal sole (afelio e perielio), e scopre che essi corrispondono perfettamente ad intervalli musicali e a parti vocali.

Questa sintesi troverà la sua degna rappresentazione musicale nell'*Armonia del mondo* di Paul Hindemith, un'opera mistica del 1957, esplicitamente basata sul libro di Keplero. Gli otto personaggi rappresentano i corpi celesti del sistema kepleriano: Keplero la Terra, la sua strana madre (che fu processata per stregoneria) la Luna, sua moglie Venere, l'imperatore il Sole, e così via. A ciascuno di essi è associata una tonalità: i rapporti fra le tonalità riflettono le distanze fra i corpi celesti, e le modulazioni corrispondono ai loro movimenti reciproci. Dall'opera Hindemith ricavò poi una sinfonia omonima, i cui tre tempi hanno titoli pitagorici: *Musica instrumentalis*, *Musica humana* e *Musica mundana*.

L'attrazione della musica

La scienza moderna raggiunse la maturità quando Newton si sedette sulle spalle dei giganti Galileo e Keplero. Egli credeva che Dio avesse rivelato le verità eterne ad alcuni saggi nell'antichità: poiché questa conoscenza era però andata nel frattempo perduta, il suo compito era recuperare e riscoprire la saggezza degli antichi attraverso la matematica. Quando si trovò a preparare una seconda edizione dei *Principia*, alla fine del '600, Newton decise di aggiungere una serie di scoli classici di natura filosofica che dimostrassero questa sua convinzione: si trattava cioè di mostrare come il suo lavoro fosse in realtà già stato anticipato dai grandi del passato. In particolare, nello scolio alla Proposizione VIII egli attribuì a Pitagora addirittura la propria maggiore scoperta, la legge di gravitazione universale, o almeno la dipendenza inversa dell'attrazione dal quadrato della distanza, mediante il seguente ragionamento.

Pitagora vedeva il cosmo come una lira a sette corde suonata da Apollo, e producente la musica delle sfere. Ma egli aveva anche scoperto la legge che lega tra loro tensione e lunghezza della corda, e cioè

$$t \approx \frac{1}{l^2},$$

che è proprio la legge di gravitazione universale, quando la tensione delle corde della lira di Apollo venga interpretata come l'intensità della forza di attrazione.

Newton sosteneva che Pitagora avesse mascherato la sua scoperta dietro discorsi "volgari", quali la scala pitagorica e i rapporti armonici dei pianeti, per adattarla al livello di comprensione dei suoi contemporanei, ma che probabilmente la insegnasse in segreto ai suoi discepoli.

Non c'è dubbio che Newton mentisse coscientemente: a ventitré anni egli aveva infatti scritto, senza pubblicarlo, un trattato sulla teoria musicale di Boezio, e non poteva dunque non sapere che Pitagora aveva sbagliato i rapporti, e che se anche avesse applicato la sua teoria musicale alla gravitazione avrebbe ottenuto una dipendenza inversa lineare, e non quadratica.

Se i giocattoli di Galileo erano i pendoli, quelli di Newton erano i prismi. Nel 1666 egli notò che la luce bianca rifratta da un prisma si divide in un fascio di sette colori visibili che vanno dal rosso al viola, e (in termini moderni) che le frequenze estreme nello spettro dall'ultravioletto (300 nanometri) all'infrarosso (600 nanometri) stanno nel rapporto 1:2. E dedusse quindi dalla coincidenza un'affinità tra i colori e le note di un'ottava minore, arrivando ad associare a ciascun colore una nota. Nell'*Ottica dei colori*, del 1740, il gesuita Louis Bertrand Castel sviluppò ulteriormente l'analogia proposta da Newton fra suono e colore, estendendola a una scala di 12 note, e arrivò a proporre un *clavicembalo* oculare che traducesse la musica in cromatismo: esso fu effettivamente realizzato, e dopo essere stato lodato da Telemann come "uno strumento meraviglioso", e aver suscitato un certo interesse, cadde nell'oblio.

L'estetica dà i numeri

I pitagorici avevano provato ad assegnare ai vari intervalli musicali dei numeri che ne misurassero l'armoniosità. Il loro sistema era però piuttosto artificiale: se un intervallo era misurato dal rapporto $a:b$, allora il suo coefficiente di armoniosità era $(a-1)+(b-1)$, in base all'idea che minori sono i numeri coinvolti, maggiore deve essere l'armoniosità. In particolare, all'ottava, alla quinta e alla quarta venivano assegnati coefficienti 1, 3 e 5, e la progressione crescente rendeva conto (nelle intenzioni) del crescente grado di disarmonia.

Nel secolo II a.C. l'astronomo Tolomeo criticò il sistema pitagorico nel suo *Trattato sull'armonia*, non sulla base del fatto che è assurdo tentare di quantificare numericamente fattori estetici, ma piuttosto perché l'assegnazione dipendeva dalla supposizione che i rapporti fossero ridotti ai minimi termini, e dunque dalla loro rappresentazione frazionaria, mentre essa avrebbe dovuto essere in qualche modo assoluta.

L'estetica musicale matematizzata fu giustamente dimenticata per due millenni, ma fu resuscitata nel 1739 addirittura da Eulero. Nel *Tentamen novae theoriae musicae ex certissimi harmoniae principiis dilucide expositae* egli cercò di giustificarne una versione aggiornata, sulla base del principio che il piacere deriva dallo scoprire leggi e ordine, e che un rapporto è tanto più facilmente scopribile, e dunque l'accordo corrispondente tanto più piacevole, quanto minori sono i numeri coinvolti.

Una sua prima proposta fu di identificare il grado di armonia di un intervallo misurato da un rapporto $a:b$, ridotto ai minimi termini, con il minimo comun multiplo di a e b. In particolare, a terza, quarta e quinta vengono assegnati i gradi 20, 12 e 6, il che rende la quarta più armoniosa della terza, e mostra che la proposta è assurda. Come se non bastasse, essa assegna gradi di disarmonia via via maggiori, e tendenti all'infinito, a intervalli che tendono sempre più ad un rapporto armonico, ad esempio

$$\frac{21}{10} \quad \frac{201}{100} \quad \frac{2001}{1000} \quad \ldots$$

che tendono all'ottava.

Una seconda proposta di Eulero fu di decomporre il prodotto $a \cdot b$ in fattori primi

$$a \cdot b = p_1^{x_1} \ldots p_n^{x_n},$$

e di assegnare ad $a:b$ il numero

$$p_1 \cdot x_1 + \ldots + p_n \cdot x_n - (x_1 + \ldots + x_n) + 1.$$

In particolare, a terza, quarta e quinta vengono ora assegnati i gradi 7, 5 e 4, il che rende ancora la quarta più armoniosa della terza.

Il *Tentamen* non fu l'unico lavoro musical-matematico di Eulero, che anzi si interessò per tutta la vita ai rapporti fra le due discipline, senza peraltro mostrare la profondità esibita in altri campi: dalla *Dissertatio physica de sono* nel 1727 al *Du veritable caractère de la musique moderne* del 1746, fino alle *Lettere a una principessa tedesca* del 1760, in cui egli si oppone al temperamento equabile perché "contrario alla vera armonia".

Il contributo matematico più interessante che Eulero diede alla musica fu l'uso dei *logaritmi* per esprimere i rapporti fra le frequenze delle sette note della scala. Egli notò che il numero n di semitoni temperati corrispondenti ad un intervallo misurato dal rapporto r è determinato da

$$\left(\sqrt[12]{2}\right)^n = r,$$

ed è dunque uguale a $12 \log_2 r$. Poiché in generale n non è ovviamente un intero, oggi si spezza l'intervallo non in 12 semitoni ma in 1200 *centesimi* (ciascun semitono corrisponde a 100 centesimi), e il numero di centesimi corrispondenti ad r è allora $1200 \log_2 r$.

Un'orchestra di diapason

Molto più stimolante e utile risultò l'affrontare problemi non di astratta estetica musicale, ma di concreta fisica del suono. L'osservazione fondamentale della nuova teoria è che quando un suono puro viene prodotto, ad esempio da un diapason, esso produce vibrazioni che muovono le molecole d'aria, provocando una successione di condensazioni e rarefazioni che si propaga longitudinalmente, a causa della tendenza della pressione dell'aria a stabilizzarsi (le molecole condensate tendono a muoversi dove l'aria è più rarefatta, creando a loro volta una rarefazione dove si trovavano, in cui tendono a muoversi le molecole condensate, e così via). Ciò che si allontana dalla sorgente è l'onda delle condensazioni e delle rarefazioni, cioè il suono, e non le molecole stesse, che invece si limitano a vibrare avanti e indietro con un movimento periodico descrivibile mediante una semplice funzione trigonometrica di tipo $a \cos(bx)$,

dove le costanti a e b rendono conto rispettivamente dell'ampiezza e della frequenza del suono (convenendo di far partire la rappresentazione del suono dall'origine: altrimenti si deve introdurre una ulteriore costante additiva c per la fase).

Analogamente avviene quando si produce un suono mediante una corda vibrante tesa fra due punti, ad esempio di una chitarra. In questo caso però il suono non è puro come quello di un diapason, e non basta più una semplice funzione sinusoidale a descriverlo. Il moto di una corda vibrante fu descritto nel 1747 da Jean Le Rond d'Alembert mediante la famosa *equazione d'onda*, ed egli ne trovò una soluzione come somma di due onde che si muovono in direzioni opposte fra i punti in cui la corda è fissata.

Nel 1755 Daniel Bernoulli notò che se le due onde che si muovono in direzioni opposte hanno la stessa lunghezza, e questa è pari ad un n-esimo della lunghezza della corda, esse generano un'*onda stazionaria*: alcuni punti della corda (equidistanti fra loro e dagli estremi) rimangono fissi, mentre il resto della corda si muove all'unisono fra essi. Il modo principale di vibrazione, detto *tono fondamentale*, è quello in cui non ci sono punti fissi oltre a quelli in cui la corda è fissata.

I modi di vibrazione in cui ci sono altri punti fissi si chiamano invece *armonici*. Fra i primi armonici compaiono tutti gli intervalli della scala zarliniana, che risulta dunque essere giustificata da un punto di vista fisico-acustico.

Sommando fra loro onde stazionarie Bernoulli ottenne una nuova soluzione dell'equazione, che si esprime attraverso una *serie trigonometrica* di armoniche, in cui le frequenze delle armoniche sono multipli interi della frequenza del tono fondamentale: la frequenza del tono fondamentale è dunque la stessa del suono composto, e determina la sua *altezza*, mentre le ampiezze delle varie armoniche sono invece responsabili sia dell'*intensità* che della *qualità* del suono. Il che mostra che è possibile simulare il suono di una corda vibrante attraverso un'orchestra di diapason (o, oggi, un sintetizzatore elettronico).

Basandosi su una intuizione contenuta nel *Trattato di armonia* di Rameau, D'Alembert utilizzò la nozione di armonico per enunciare una teoria che permetteva di dare una spiegazione di natura fisica (invece che metafisica, come da Pitagora a Eulero) della consonanza o dissonanza di più note. Secondo la teoria, la maggiore o minore consonanza di note diverse è determinata dalla maggiore o minore comunanza di armoniche fra esse: in altre parole, due note sono tanto più consonanti quanti più armonici hanno in comune.

Bernoulli riteneva di aver descritto mediante una serie trigonometrica un particolare tipo di suoni, appunto quelli prodotti da corde vibranti, ma nel 1807 Joseph Fourier dichiarò che la soluzione di Bernoulli era valida per ogni suono: ogni funzione periodica si poteva esprimere mediante una simile serie trigonometrica, oggi detta in suo onore *serie di Fourier*. L'orchestra di diapason è dunque universale, e permette di simulare in linea di principio qualunque suono, dal canto di un soprano al rumore di un uragano: e dimostrazioni pratiche di von Helmholtz con vari suoni mostrarono che Fourier aveva effettivamente ragione.

Fourier si lasciò poi prendere la mano, e dichiarò addirittura che ogni funzione matematica ad argomenti e valori reali, anche non periodica, si poteva scrivere in una forma analoga, almeno in un appropriato intervallo. Il che permette di ottenere risultati sorprendenti, ad esempio la decomposizione di una funzione costante o a gradini in una somma infinita di funzioni sinusoidali periodiche: il trucco sta nel considerare frequenze via via minori, ossia periodi via via maggiori, in modo tale che gli effetti della periodicità tendano a svanire.

Fourier indicò anche come calcolare i coefficienti della sua serie, data la funzione f: egli arrivò al risultato con un procedimento tortuoso, ma si accorse in seguito che il tutto si riduceva a calcolare particolari integrali della funzione stessa (un'identica soluzione era già stata trovata nel 1777 da Eulero: anche in quel caso dapprima in maniera tortuosa, e poi con la scorciatoia riscoperta da Fourier). Il che ridusse il problema di sapere quali funzioni sono esprimibili in serie di Fourier al problema di sapere quali funzioni sono integrabili: e una buona parte della matematica moderna (gli integrali di Riemann e di Lebesgue, la teoria degli insiemi di Cantor, gli spazi di Hilbert, l'analisi armonica generalizzata di Wiener, la teoria delle distribuzioni di Schwartz) è nata o si è sviluppata attorno a problemi connessi con la rappresentazione delle funzioni in serie di Fourier.

Sinfonia per sole corde

L'analisi di Fourier mostrò che il comportamento macroscopico delle funzioni può trarre in inganno: esse possono anche apparire non periodiche o ondulatorie, ma la loro essenza profonda è riducibile a costituenti di quel tipo.

La meccanica quantistica, nella formulazione di Schrödinger, estende lo stesso discorso anche al mondo fisico: gli oggetti macroscopici possono mostrare un'apparenza statica e corpuscolare, ma la loro essenza profonda è riducibile a costituenti dinamiche e ondulatorie.

Le particelle che costituiscono la materia sono infatti descritte nella meccanica quantistica come onde di probabilità, soddisfacenti all'equazione d'onda di Schrödinger. Si ritorna così ad una visione sostanzialmente pitagorica del mondo, con una coincidenza sostanziale di natura (particelle), musica (onde) e matematica (probabilità).

Nella stessa direzione vanno anche i tentativi di ottenere la cosiddetta "teoria del tutto" mediante la *teoria delle stringhe*: in essa le costituenti ultime della materia non sono più considerate come punti (im)materiali, ma come pezzi di corda che vibrano in uno spazio pluridimensionale, e i cui modi di vibrazione (o suoni) costituiscono le particelle elementari. L'orchestra di diapason è così sostituita da un'orchestra di strumenti ad arco (o meglio, di sole corde vibranti), le cui melodie costituiscono l'apparenza della natura.

Musica e matematica

di Roman Vlad

La musica è immateriale. Fatta di suoni, cioè di sensazioni auditive che nascono nei meandri del nostro fisico e della nostra psiche sotto gli impulsi di onde generate dalle vibrazioni di entità elastiche (corde o altri corpi solidi, colonne d'aria o anche mezzi elettronici). L'altezza caratterizzante del singolo suono, della singola nota, è determinata dalla velocità del moto vibratorio che l'ingenera. Questa velocità viene definita mediante il numero che indica quante volte i punti materiali dell'entità generatrice passano e ripassano attraverso la loro posizione di riposo nell'unità di tempo. Come si sa, l'unità di misura dei moti periodici ondulatori da circa un secolo ha preso il nome del fisico tedesco Hertz. Pure gli altri parametri dei suoni (durate, intensità) sono definibili mediante numeri.

Oggi è d'uso indicare le note musicali mediante alfabetiche lettere convenzionali (A, B, C, D, E, F, G, H), come avviene nei paesi germanici e anglosassoni o mediante le sillabe DO-RE-MI-FA-SOL-LA-SI desunte da Guido d'Arezzo dagli *incipit* dei versi di un inno medioevale a San Giovanni. Sarebbe non solo legittimo, ma certamente più preciso, anche se meno comodo, indicare le note mediante il numero della loro frequenza. Così faceva infatti Sant'Agostino nei suoi sei libri *De Musica* in cui non parla mai di note, ma solo di numeri (riferendosi anche ai ritmi): *numeri sonantes, numeri occursores, numeri progressores, numeri iudiciales* ecc.

Ogni intreccio musicale si configura dunque come un insieme di numeri. Si capisce perciò che Leibniz, in una lettera al matematico tedesco Christian Golbach datata 17 aprile 1712, abbia potuto formulare la celebre definizione: *Musica est exercitium arithmeticae occultum nescientis se numerari animi*.

Arthur Schopenhauer, in *Die Welt als Wille und Vorstellung* (III, 53) va oltre: "la sentenza di Leibniz, sopra citata, la quale è giustissima da un punto di vista meno alto, può, nel senso della nostra concezione più elevata della musica, essere parodiata nel seguente modo: *Musica est exercitium metaphysices occultum, nescientis se philosofari animi*".

D'altronde anche Sant'Agostino se afferma che la musica è una "emanazione sensibile di strutture matematiche" considera i numeri come *operationes animae* atte a realizzare il postulato *ut a corporeis ad incorporea transeamus*.

Anche per Cassiodoro "la musica è una disciplina in cui si parla di numeri".

Non c'è dunque da stupirsi se si trova la musica tra "le sette scienze del trivio e del quadrivio", per dirla con Dante. Ed è precisamente nel Quadrivium (come scriveva Boezio) che la musica veniva fatta figurare accanto all'aritmetica, alla geometria e all'astronomia.

Nella cultura greca classica l'accostamento tra arte, scienza e filosofia era consueto. In tutta l'antichità la musica si trovava al centro di speculazioni scientifico-filosofiche. Si pensi solo al *Timeo* di Platone dove, nel cap. VIII, il filosofo spiega la sua teoria cosmogonica secondo la quale il Dio avrebbe plasmato "l'anima del mondo" usando la serie 1-2-3-4-9-8-27 risultante dall'integrazione delle due proporzioni geometriche 1-2-4-8 e 1-3-9-27 che rappresentano i primi tre numeri più le loro prime tre potenze.

Platone riferisce la serie risultante agli intervalli musicali che scandiscono il modo dorico. La relativa scala rifletterebbe dunque "l'anima del mondo", il supremo ordine cosmico.

Un'eco di questa concezione platonica si trova ancora nella dottrina del filosofo quattrocentesco

Nicola Cusano per cui Dio si sarebbe servito della musica con le sue proporzioni aritmetiche e le sue armonie geometriche per conferire solidità imperitura all'universo: "Ut trinum rerum machina / Caelestium, terrestrium / et inferorum condita" (come recita l'inno *Aeterne Rex altissime*).

Prima di Platone era stato Pitagora a individuare e a calcolare le basi e le implicazioni matematiche della musica ponendo in evidenza l'esistenza degli armonici e delineando la teoria degli intervalli. Pitagora calcolò i rapporti intervallari della scala che prende il suo nome:

do	re	mi	fa	sol	la	si	do
1	$\frac{9}{8}$	$\frac{81}{64}$	$\frac{4}{3}$	$\frac{3}{2}$	$\frac{27}{16}$	$\frac{243}{128}$	2

Egli comprese che il grado di consonanza di un intervallo dipendeva dalla maggiore o minore semplicità del rapporto numerico tra le frequenze delle note che lo racchiudevano. Per cui il più consonante di tutti era l'ottava DO-DO (2:1) seguito in ordine dalla quinta SOL-DO (3:2) e dalla quarta (4:3). L'accordatura della mitica lira di Orfeo avrebbe corrisposto infatti alle note DO-FA-SI-DO (uso ovviamente la nomenclatura di oggi).

Gli altri intervalli caratterizzati da rapporti numerici complessi erano considerati dissonanze.

Pitagora si avvide che il circolo delle quinte

DO-SOL-RE-LA-MI-SI-FA#
-DO#-SOL#-RE#-LA#-MI#-SI#

non si chiudeva, nel senso che il SI# non combaciava con il DO che avrebbe dovuto riprodursi alla settima ottava. Con miracolosa precisione Pitagora calcolò la differenza, lo scarto tra la dodicesima quinta e la non coincidente settima ottava e stabilì il cosiddetto "comma pitagorico" nella frazione 531441/524288.

Questa scala rimase in vigore fino a quando il teorico veneziano Gioseffo Zarlino, nelle sue *Istitutioni harmoniche* del 1558 propose la semplificazione del rapporto numerico che definiva le terze pitagoriche.

Da 81/80 lo ridusse a 80/64=5/4. Lo diminuì cioè artificialmente di un ottantesimo, il cosiddetto "comma sintonico". Per cui la scala zarliniaia assunse la configurazione:

do	re	mi	fa	sol	la	si	do
1	$\frac{9}{8}$	$\frac{5}{4}$	$\frac{4}{3}$	$\frac{3}{2}$	$\frac{5}{3}$	$\frac{15}{8}$	2

Anche questa scala non permetteva però l'omologazione degli intervalli in rapporti cosiddetti enarmonici (RE# e MI^b, FA# e SOL^b ecc).

Per cui i passaggi da una tonalità all'altra (modulazioni) erano possibili solo se si trattava di toni molto vicini e non era possibile spaziare nell'intero ambito delle dodici diverse note incluse nell'ottava.

Per ovviare a questi inconvenienti pratici Andreas Werckmeister codificò in un trattato del 1697 (*Hypomnemata Musica...*) la suddivisione meccanica dell'ottava in dodici semitoni uguali divisi da distanze esprimibili con la radice $\sqrt[12]{2}$.

Tutti gli intervalli diventavano così lievemente falsi, ma nello stesso tempo si rendevano utilizzabili tutti.

Nasceva così il "Sistema ben temperato" che Giovanni Sebastiano Bach doveva applicare in modo sistematicamente paradigmatico nei due volte dodici *Preludi* e nelle due volte dodici *Fughe* in tutte le tonalità maggiori e minori del primo e negli altrettanti brani omonimi del secondo volume del suo *Clavicembalo ben temperato*.

Con ciò era stata aperta la strada agli sviluppi che la musica europea conobbe nel periodo tra Bach e Schöenberg. Periodo di una fecondità e di un fervore creativo senza precedenti ottenuto in virtù di una delle più singolari vittorie dello spirito umano sulla natura. Ovvero dell'astratto calcolo matematico sui dati naturali.

La classica arte musicale europea appare dunque artificiosa per eccellenza. Pur sentita come "naturale", lo è solo virtualmente, giacché veramente naturale resta la scala di Pitagora. Tant'è vero che i grandi cantanti e i grandi interpreti che suonano strumenti sui quali i suoni non sono preformati, ma devono essere "formati" uno per uno, istintivamente intonano suoni e intervalli "non temperati", pitagorici.

Intanto la definitiva trasformazione dell'intervallo di terza in consonanza aveva permesso il suo inserimento armonico nella quinta DO-SOL e la conseguente enuncleazione della triade perfetta DO-MI-SOL che sarebbe diventata la base del nostro classico sistema tonale. Mediante la successiva sovrapposizione di altre terze si doveva arrivare poi agli integrali dodecafonici del nostro secolo.

Gli accordi perfetti consistenti nelle triadi addizionate del raddoppio del suono fondamentale dovettero costituire i privilegiati approdi cadenziali nella tradizionale musica classica dell'Occidente. Formati dagli intervalli di prima, terza, quinta e ottava, questi accordi riportano nella loro struttura alla prima di quelle serie additive che prendono il loro nome dal massimo matematico italiano dell'Evo medio, Leonardo da Pisa, detto Fibonacci.

Com'è noto queste serie tendono asintoticamente verso la sezione aurea, verso il numero d'oro. Nella storia della musica, esse svolsero un ruolo quasi segreto, ma assai importante. Non tanto per una loro incidenza sulla costituzione intrinseca delle strutture armonico-tonali come quella che abbiamo posto in evidenza a proposito degli accordi perfetti, quanto per le proporzioni delle frasi, dei periodi e per il complessivo articolarsi delle forme architettoniche dei brani musicali.

Esempi preclari se ne hanno nell'*Arte della fuga* e nell'*Offerta musicale* di Giovanni Sebastiano Bach. Meno frequenti nei classici viennesi, le proporzioni della prima serie di Fibonacci (1-3-5-8-13-21 ecc.) ricompaiono poi in lavori come la *Sonata* in la D. 959 di Schubert.

In Francia due matematici ottocenteschi, Charles Henry e Edouard Lucas si occuparono di questo tipo di proporzioni e, tramite i pittori e i poeti simbolisti, esercitarono una notevole influenza su Debussy e Ravel. In molte delle musiche di questi ultimi si possono discernere articolazioni formali che riportano non solo alla serie citata poc'anzi, ma pure alla progressione 1-3-4-7-11-18 ecc. che in Francia viene chiamata anche "serie di Lucas" dal nome del matematico suddetto. In realtà, questa seconda, come la prima serie fibonacciana, appartiene alla famiglia delle serie corrispondenti alla formula

$$\frac{c-a}{c-b} = \frac{b}{a},$$

ultima delle dieci formule indicanti le possibili progressioni aritmetiche stabilite nella seconda parte del I sec. d.C. da Nicomaco di Gerasa, ma la cui ideazione risale a Teone ed Eratostene. Tra parentesi sia ricordato che a Nicomaco si deve un *Manualetto di armonia* che costituisce la fonte più antica sulla musica pitagorica.

Tornando ai compositori francesi si dovrebbero esemplificare le strutture fibonacciane della maggior parte delle musiche di Debussy: dall'*Après-midi d'un faune* a *La Mer*, dalle *Images* fino ai *Preludes*, da *Pelléas et Melisande* ai *Jeux*. Di Ravel andrebbero analizzati *Miroirs*, la *Sonata* per violino e violoncello, la *Fuga* dal *Tombeau de Couperin*. Passando ad altri compositori del nostro secolo sarebbe necessario porre una particolare attenzione a Béla Bartók il quale si valeva in modo larghissimo e sistematico delle proporzioni fibonacciane, com'è testimoniato tra l'altro da brani come l'*Allegro barbaro* e la *Musica per strumenti a corde, celesta e percussione*. L'esempio più stupefacente di un'applicazione su larga scala degli stilemi improntati a proporzioni tendenti virtualmente alle sezioni auree è dato dalla *Sagra della primavera* di Stravinskij. In un mio saggio, *Seconda rilettura della Sagra*, in via di pubblicazione, mostro come tutta la prima parte di questo capolavoro sia strutturata secondo la prima delle serie fibonacciane (2-3-5-8 ecc.), mentre la seconda presenta articolazioni riferibili alla seconda serie (3-4-7-11).

Anche per altri versi molte pagine di Bach si configurano come "segreti esercizi di aritmetica".

Bach praticava assiduamente le tre tecniche dello *Tseruf* della Cabala: la ghematria, il notarikon e la themura. Soprattutto la prima, il cosiddetto alfabeto numerico per cui le lettere dell'alfabeto vengono a corrispondere con i numeri da 1 a 24 e questi numeri governano gruppi di note, di pause, battute, ripetizioni di temi e così via. Il cognome Bach equivale al numero 14 (B=2 + A=1 + C=3+H=8);

insieme con le iniziali del suo nome di battesimo a 41 (il retrogrado di 14). Il soggetto della *Fuga L* del primo volume del *Clavicembalo ben temperato* consta di 14 note. L'ultimo Corale di Bach (*Vor deinec Thron tret ich hiemit*) inizia con una frase di 14 note mentre l'intera melodia ne abbraccia 41. Ma già una delle primissime Fughe di Bach che ci siano giunte (in minore, BWV 945) ha un soggetto di 14 note che viene riproposto 14 volte. E così anche il soggetto conclusivo dell'ultimo *Contrapunctus* con il quale l'*Arte della fuga* s'interrompe senza terminare e con il quale finisce l'attività creatrice di Bach: oltre alle quattro note SI^b, LA, DO, SI^b che nella nomenclatura germanica corrispondono alle lettere bach (il suo "melogramma") comprende altre dieci note in modo da includerne complessivamente 14. Il Tema delle *Variazioni Goldberg* somma 14+41 note. Esempi di simili simbolismi numerici si possono additare in moltissime altre opere di Bach.

La sua ricerca di possibili equivalenze aritmetiche non si ferma d'altronde ai numeri 14 e 41. I suoi manoscritti portano a volte le sigle "SDG" (Soli Deo gloria) e JSB (Johann Sebastian Bach) che si equivalgono numericamente S (18) + D (4) + G (7) = 20 = J (9) + S (18) + B (2).

Inoltre Bach attribuiva particolare importanza ai numeri 48 e 144. Il primo equivale al prodotto dei numeri: B (2) A (1) x C (3) x H (8) = 48, ma anche alla somma dei numeri della sigla del Redentore: J (9) + N (13) + R (17) + J (9). 144 è invece la somma dei numeri corrispondenti ai due nomi di battesimo di Bach: J (9) + O (14) + H (8) + A (1) + N (13) + N (13) + S (18) + E (5) + B (2) + A (1) + S (18) + T (19) + I (9) + A (1) + N (13).

Bach fa ricorso anche ad altri tipi di simboli numerici. Così per mezzo della musica certi numeri assumono significati allegorici in funzione dei quali egli plasma poi le sue figure sonore: tre voci e tre strumenti rappresentano la Trinità; undici gli apostoli fedeli.

Altri numeri, secondo la tradizionale dottrina dei numeri sacri passata da Sant'Agostino e dai Padri della Chiesa a Lutero, assumono il significato di simboli cristiani: possono essere semplici oppure se ne posssono considerare le somme, i prodotti, le potenze e così via. Sette può simboleggiare la creazione, lo stesso Creatore o semplicemente i sette giorni della settimana. Dodici la Chiesa o la comunità. Nel *Credo* della *Messa in si minore* la parola "*credo*" viene ripetuta 7 volte 7, cioè 49 volte; le parole "*in unum Deum*" risuonano 7 volte 12, cioè 84 volte e così via.

Il simbolismo numerico più vertiginoso Bach lo raggiunge nell'enigmatico *Canon Triplex* BWV 1076 a 6 voci di cui solo 3 sono notate. Ci sono voluti due secoli per trovarne le 480 soluzioni e penetrarne la segreta simbologia. Bach lo scrisse come dono per l'accoglimento come 14° membro nella "Società per corrispondenza delle scienze musicali". Ne abbiamo parlato a lungo nello scritto "Nei nomi di J.S. Bach e di G.F. Händel" pubblicato nella *Nuova Rivista Musicale Italiana* nel 1985 in occasione del terzo centenario di Bach. In quel saggio abbiamo discusso anche del rapporto tra "costruzione" razionale della musica e inconsapevole "ispirazione". Abbiamo osservato che si può essere ispirati anche da svegli e mentre si crede di eseguire solo ragionate operazioni. La musica può essere dunque frutto sia di calcoli inconsapevoli sia di procedimenti consapevoli; sia di folgorante ispirazione sia di applicata meditazione, di faticose ricerche e sofferte elaborazioni. Basta avere la Grazia. Bach l'aveva. Così come l'aveva lo Stravinskij della *Sagra* e come l'avevano gli altri creatori dei capolavori che hanno illustrato la nostra civiltà musicale.

GPSR Compliance
The European Union's (EU) General Product Safety Regulation (GPSR) is a set of rules that requires consumer products to be safe and our obligations to ensure this.

If you have any concerns about our products, you can contact us on

ProductSafety@springernature.com

In case Publisher is established outside the EU, the EU authorized representative is:

Springer Nature Customer Service Center GmbH
Europaplatz 3
69115 Heidelberg, Germany

www.ingramcontent.com/pod-product-compliance
Ingram Content Group UK Ltd.
Pitfield, Milton Keynes, MK11 3LW, UK
UKHW051300180426
11947UKWH00020B/1819